suncolor

suncolor

suncolor

suncolor

第三道門

Alex Banayan 艾力克斯・班納揚／著
蘇凱恩／譯

suncolor
三采文化

人生、事業、成功……這些東西跟進夜店的道理是一樣的。

你有三種方法可以得其門而入。

第一道門：也就是大門。有長長人龍在街角拐了個彎，而大概多數的人會排在隊伍裡面等待，希望自己可以進門。

第二道門：也就是貴賓用入口，專給富商名流和富二代們走的門。

不過，沒有人告訴過你，一定一定一定還有……第三道門存在。你得從人龍中衝出、奔進巷子裡、猛敲大門一百次、撬開窗戶、偷偷摸摸地從廚房潛入——用你的方法進入。

不論是賣出第一套軟體的比爾・蓋茲，或是後來成為好萊塢史上最年輕導演的史蒂芬・史匹柏，他們都是選了第三道門。

目錄

第三步 找到內應

第四步 在泥濘中掙扎前進

第五步 打開第三道門

重磅推薦

鼓舞人心，如果你正經歷低潮、失望、拒絕，它會讓你改變眼光、放大格局。

歲爺，連續創業家／勵志作家／微型創業 KOL

令人興奮又讓人充滿能力，如果你關切自己是否能成功，一定得讀《第三道門》。

——東尼．羅賓斯，企業家、《紐約時報》暢銷書作者、全美首屈一指的企業策略家

從和史蒂夫．沃茲尼克重新定義成功，到與潔西卡．艾芭一起和死亡面對面，這本書從頭到尾都充滿冒險、戲劇性和發人省思的課題。不論你是企業主管或社會新鮮人，都能在《第三道門》中尋得啟發和智慧。

——亞莉安娜．哈芬頓，《哈芬頓郵報》創辦人、暢銷書《從容的力量》作者

這是一個「轉大人」的活潑故事，同時也腳踏實地地以最高規格檢驗獲取成功所需投注的努力。艾力克斯不僅破解了世界成功人士的密碼，他很快也會加入他們的行列。

——丹尼爾．品克，暢銷書《動機，單純的力量》、《未來在等待的人才》等書作者

好像坐了一趟情緒的雲霄飛車，我又笑又哭。本書精采到我讀的時候都快坐不住了。每隔幾十年，都有一本可以定義一個年代的書問世，而《第三道門》就是這樣的書。

——艾莉安娜．穆里洛，谷歌多元文化行銷部主任

本書是智慧的百寶箱……不論何時，任何想在自己的旅程中更進一步的人，都可以自由運用書中資訊。班納揚是做足準備的嚮導，他能助你再登人生高峰。

——尚恩．艾科爾，暢銷書《哈佛最受歡迎的快樂工作學》作者

《第三道門》和我讀過的任何財經書都不一樣。本書描寫一趟充滿希望、樂趣、雄心壯志和自我發現的刺激旅程。閱讀時，我忍不住大聲歡呼，而某些地方又讓我的眼淚滑落臉龐。本書激勵我更加熱愛自己的人生，我的人生就是一場勝利！

——瑪雅．班克斯，Netflix（網飛）行銷部門總監

彷彿電影般的故事情節，充滿戲劇性、背叛和心碎。《第三道門》帶你步入這場紙上冒險，旅程中充滿能改變人生的教訓。只要開始讀，你就停不下來了。

——約拿．博格，暢銷書《瘋潮行銷：華頓商學院最熱門的一堂行銷課！》作者

強而有力，今年最棒的一本書。讀罷《第三道門》，我的人生發生了一件無法控制的改變，我開始把面臨的挑戰視為有趣的事。這本書不只給了我完成目標的工具，同時也讓我發現，處理看似不可能的困難，竟可以是這麼刺激的一件事！如果你想讓自己的人生更上一層樓，那麼你非讀《第三道門》不可！

——麥克．波斯納，音樂家、葛萊美獎入圍者，專輯銷售量達上百萬張

書中每一頁都可以看見班納揚的心血。《第三道門》不只讓讀者了解世上最卓越的先鋒者是如何成功的，同時也是一個男孩圓夢的偉大故事。本書充滿熱情和情感，如果你想將夢想化為現實，那麼這就是你必讀的一本書！

——亞當．博朗，《紐約時報》暢銷書《一枝鉛筆的承諾》作者

瘋狂的旅程……鼓舞人心、引人發噱、充滿洞見。每當你覺得找不到方法解決問題時，就讓艾力克斯．班納揚激勵你拉大格局吧！

——大衛．伊葛門，《紐約時報》暢銷書《躲在我腦中的陌生人》作者、史丹佛大學兼任教授

身為猶太裔媽媽，我不希望還是青少年的小孩看了這本書後萌生輟學的念頭。但是，

對曾是資深外交官、科技業主管和社會創新企業家的我來說，實在想在他們的閱讀清單中把這本書置頂！在變化多端的今日社會中，任何想向成功人士取經的人，都應該來讀《第三道門》！

——蘇西．萊文，前美國駐瑞士和列支登斯敦大使

這本書才讀了幾小時，艾力克斯．班納揚就已經教會我們要怎麼認識億萬富翁、超越同儕、以破紀錄的時間完成夢想。我從沒讀過像這樣的書！不論你是企業家，或正試著開創自己的事業，《第三道門》都將為你打開機會之門。

——提姆．桑德斯，《紐約時報》暢銷書《愛，殺手級應用——顛覆商場守則》作者

我祖父曾這麼跟我說：「如果問題找得到解答，那麼何必擔心？」《第三道門》書中這種認為萬事皆可能的樂觀態度，大大鼓舞了我！他很少花時間去擔心「假如」，而是直接先做了再說。就是因為這樣一切才有所不同。

——傑森．席爾瓦，國家地理頻道入圍艾美獎節目《腦力大挑戰》主持人

又猛又充滿智慧的一本書。《第三道門》帶領你進入這趟充滿創造和決心的史詩級旅程。閱讀班納揚為了開啟世上最難打開的門，而開啟了這趟尋找鑰匙的旅程，釋放出我們

每個人心裡潛藏的能力。

——布萊德·達爾森，葛萊美獎搖滾樂團「聯合公園」主吉他手

瘋狂的冒險，令人大感驚奇的故事，極度實際的建議，《第三道門》全都包了！這正是這世代的人一直等待的一本書。

——班·尼姆丁，MTV音樂頻道節目《人生玩到掛》主演

艾力克斯·班納揚認真地想創辦他的「夢幻大學」：比爾·蓋茲教商業，女神卡卡教音樂，史蒂芬·史匹柏教電影，珍·古德教科學。而這個夢想真的成真了。本書證明了教育是世上最強大的力量，尤其當決定想學什麼的人是自己時。

——凱倫·卡托，前美國教育部教育科技辦公室主任

扣人心弦的故事……《第三道門》是極少數作者不單「寫」到也的確做到的一本書。艾力克斯·班納揚為企業家死纏爛打和勤奮不懈的精神重新下了定義。準備好謙虛地接受啟發吧！

——班·卡斯諾查，《紐約時報》暢銷書《自創思維：人生是永遠的測試版，瞬息萬變世界的新工作態度》作者

《第三道門》向現今商業、娛樂界中極為啟發人心的人物汲取智慧，使本書成為在創新、創業精神、以創意解決問題等議題上，各世代都能參與其中的大師班。對充滿抱負的創業者和企業領導人來說，《第三道門》都是非讀不可的一本書。

——萊西．柯米薩，IBM 全球成長戰略合作計畫主任

班納揚活生生是創意、打死不退和熱情的代言人。他是下一個世代企業領導人的化身，而《第三道門》恰好美妙、生動地描繪出這種思維態度。

——喬許．林克納，《紐約時報》暢銷書《創意五把刀》作者

艾力克斯．班納揚解決問題的方法既詼諧又絕妙。不論你是已卓有成就，或正蓄勢待發的企業家，抑或試著幫助員工跳脫框架思考的公司主管，《第三道門》都是你前方的明燈。

——梅瑞迪斯．佩瑞，uBeam 公司創辦人

結合小說、靈性歷程和惡趣味，《第三道門》為所有人創造出一個機會，讓我們得以檢視成功真正的定義、哪些事會鼓舞我們，並反思我們人生走過的路徑。

——麥可．史拉彼，歐巴馬競選團隊首席技術官、「芝加哥創意」執行總監

艾力克斯・班納揚的《第三道門》完全值得入手！他完美地捕捉到精髓，同時又如此有趣、易讀。班納揚的旅程不只會讓你大受鼓舞，同時還會讓你迫不及待想開始追尋自己的夢想，用自己的方式定義成功。

——卡瑪茉莉・葉，耐吉公司品牌經驗西岸主任

班納揚屢敗屢戰的精神太瘋狂了！他蹲在廁所裡、在雜貨店追著人跑，為了實現夢想他什麼事都肯做。他的經歷能鼓舞你在自己的道路上繼續努力。如果你對成功也充滿渴望，相信我：去讀《第三道門》！

——傑梅因・杜普里，葛萊美獎饒舌歌手、音樂製作人

引人入勝！出色地充滿洞見，可操作而且非常實用。我發現閱讀時自己會不時點頭，還重讀好些段落。班納揚把為了獲得成功，你我都非做不可的那些可怕難事變得如此輕而易舉。

——森查楊博士，「保護國際基金會」執行長

不論你正要開始踏出第一步，或是即將展開人生的二十幾歲人，本書都是最適合且最周全、最令人享受的職涯規劃工具書：節奏明快、內容有趣、情感真摯，而且從頭到尾都

充滿洞察力。

——馬修．畢夏普，《慈善資本主義：「給予」如何拯救世界》作者，《經濟學人》雜誌前編輯

這是趟難以置信的旅程。班納揚藉著親身採訪心目中的偶像，以摸索人生的意義。本書以慧黠、溫暖、充滿智慧的方式娓娓道來，對想尋找人生意義的人來說，這絕對會是充滿啟發的閱讀經驗。

——露瑪．伯斯，《貧民窟裡的領導：德蕾莎修女的管理智慧》作者

多希望《第三道門》在我首次創業時就已出版。幸好，班納揚終於推出這本大家等待已久的書。

——麥可．拉澤羅，Salesforce 前策略長、Buddy Media 創辦人

出色的作者……一開始讀就無法停下來。《第三道門》對創業者來說絕對是必讀之作。

——維維克．瓦多瓦，《華盛頓郵報》專欄作家、卡內基美隆大學傑出院士

Step 1

從人龍中衝出

我的人生究竟要幹嘛？

「這邊請！」

我橫過大理石地板，拐過轉角，進入了這個有扇頂天立地、閃閃發亮窗戶的房間。從窗戶往外頭望，下方是在海面上漂浮的帆船，海浪溫柔地拍向岸邊，午後陽光從船塢反射而出，大廳映照著明亮、如天堂般的光暈。我隨著助理走過一道長廊。辦公室裡有張沙發，沙發座墊的奢華，是我此生沒看過。咖啡匙晶亮無比，怎麼會有咖啡匙可以閃成這樣。會議室的桌子看起來彷彿米開朗基羅雕鑿出來的巨作。我們走進一條長長的甬道，甬道兩側陳列著數以百千本的書。

「每本書他都讀過。」她說。

總體經濟學、資訊工程、人工智能、小兒麻痺預防。助理抽出一本以「排泄物回收再利用」為主題的書，放到我手上。我翻閱著書頁。幾乎每一頁上都劃了底線和重點，書頁邊緣還有隨手寫就的文字。這些字跡看起來和小學五年級學生實在沒啥兩樣，我忍不住笑了出來。

我們繼續沿著走廊往下走，最後終於停了下來，助理要我在原地等待。我站在那，一動也不動，看著那面冷冰冰的巨大玻璃門。我得很努力才能忍住去摸那道門、看看它到底有多厚的衝動。等待的時間裡，我回想起讓我現在得以出現在這裡的每件事：紅圍巾、舊金山的那間廁所、奧馬哈的那隻鞋子、六號汽車旅館裡的蟑螂、還有……

就在這時，門開了。

「艾力克斯，比爾準備好見你了。」

比爾．蓋茲就站在我面前，一頭未經梳理的亂髮，襯衫隨意地紮進褲子，正小口小口地喝著一罐健怡可樂。我等著自己的嘴巴吐出些什麼話來，但我一句話都說不出來。

「哈囉！」比爾．蓋茲說，微笑讓他的眉毛也跟著上揚。「請進吧……！」

三年前，在大一新生宿舍裡

我在床上翻來覆去，書桌上是一疊也回瞪著我的生物教科書。我知道自己應該讀書，但越盯著這些書看，我就越想把被子拉起來蓋住頭。

我翻向右側。南加州大學美式足球隊海報就掛在我的正上方。把海報貼在牆上那時，上頭的顏色看起來是這麼充滿生氣，然而現在，它看起來似乎已經和牆壁融為一體了。

我換成了仰躺的姿勢，盯著不發一語的白色天花板。

我到底是有什麼問題啊？

從有印象以來，我的人生計畫就是要當個醫生。身為伊朗裔猶太移民的兒子，這就是唯一的生涯計畫，幾乎可以說，打從出母胎時，我的背上就被蓋上「醫生」這兩個字。小學三年級的萬聖節，我穿著外科醫師的刷手服到學校。我是學校裡的「那個」小朋友。

我在校時從來就不是優等生，但至少一路走來始終如一：成績一路走來總是乙下，始終如一地閱讀克里夫筆記（CliffsNotes，編按：美國學生針對課目的學習參考書）上的文章。彷彿像要彌補無法成為優等生的遺憾，我的方向感倒是一直很不錯。高中時，我是個「寧可錯殺不願錯放」的乖乖牌，在醫院當義工、參加課外科學課程、滿腦子只想著標準成績考試（SATs）。為了能在高中生存下來，我花費很多心力，所以根本無暇停下來思考我到底是在滿足誰的期待。大學才剛開始的我哪想得到，一個月後的自己，會在每個早上都按下貪睡鍵四、五次，不是因為累到爬不起來，而是因為學校實在無聊到讓我不想起床。但是，我還是盡力拖著身體去上課，把「待完成」任務清單上的「醫學預科」這格打上勾。我覺得自己好像是乖乖跟著羊群的一隻羊。

這就是我躺在床上、盯著天花板的經過始末。明明我來念大學是想找到答案，但卻只挖出更多疑問：「我究竟對什麼有興趣？」「我想唸什麼當主修？」「我的人生有什麼計畫？」

我又翻了個身。生物課本就像催狂魔一樣從我體內吸走精氣。我越是不想打開課本，就越想到我父母，他們在德黑蘭的機場裡狂奔，以難民身分逃往美國，犧牲一切，好讓我有受教育的機會。

收到南加大的入學通知書時，母親告訴我家裡負擔不起。雖然我家還稱不上貧困，而且還住在比佛利山這區，然而，跟很多其他家庭一樣，我們也過著雙重生活。雖然居住環境很不錯，但父母還是得靠著二胎房貸才負擔得起家計。我們也會去度假，但好幾次度假完回家，我都會看見前門貼了一張告示，上頭說即將切斷家裡的天然氣。母親後來之所以允許我去念南加大，只因為註冊截止日前一天，父親花了一整晚的時間聲淚俱下地說服她，說只要她願意讓我上大學，他願意做任何事以維持家中的收支平衡。

好啦，這就是我回報我爸的方式嗎——躺在床上拉起棉被蓋住頭？

我望向房間另一頭，我室友瑞奇正坐在一張小小的木桌前寫著作業，像是一臺電子記帳機一樣，不停吐出數字。他鉛筆發出的尖銳吱嘎聲嘲笑著我。他可是有自己的人生計畫，我多希望我也有。然而只有不願意回話的天花板陪伴著我。

然後我想起上週末認識的那傢伙。他去年才從南加大數學系畢業。他也曾坐在和瑞奇一樣的書桌前，和瑞奇一樣，不停吐出數字。結果咧，他現在在學校幾哩外的地方挖冰淇淋。我開始明白，大學學歷可無法保證任何事。

我把目光轉向那些教科書。我現在最不想做的事就是唸書。

我又轉身盯著天花板，想著爸媽為我犧牲一切，好讓我只需要做好一件事：讀書。

天花板仍舊不發一語。

我又翻了個身，把臉埋在枕頭裡。

隔天早上，我把生物課本夾在腋下，舉步維艱地走向圖書館。儘管我很努力試著想念書，但卻一直呈現電力不足的狀態。我需要某種能激勵我的東西。於是，我從閱讀桌前把椅子往後推，站起身來，信步閒晃到生物學那區的書架，抽出一本以比爾・蓋茲為主題的書。我是這麼盤算的，讀一些成功人士，比如比爾・蓋茲的故事，或許能刺激我心裡的某個地方。結果也的確如此，只是，和我原本期待的不太一樣。

這個人在我這個年紀時就創立了微軟，後來還成長為世界上最值錢的企業。他為資訊產業帶來革命性的改變，更是世界上最有錢的活人。接著，他決定從微軟執行長的位子上退下來，改行去當地球上最樂善好施的慈善家。想到蓋茲的這些成就，就讓我覺得自己好像站在聖母峰的山腳下遙望山頂一樣。我只能想到一件事：他是怎麼跨出登頂的第一步？

在回過神來以前，我已經開始翻閱一本又一本的成功人士傳記。史蒂芬・史匹柏是怎麼攀上了導演界的聖母峰？一個被影劇學院退學的人是怎麼成為好萊塢史上最年輕的知名電影公司導演？十九歲時還在紐約當服務生的女神卡卡，又是怎麼獲得第一張唱片合約？

我不停跑圖書館，想找到一本能回答這些問題的書。但幾個星期過去了，我卻毫無所獲。沒有任何一本書把焦點放在我目前所在的這個人生階段。在這個階段，還沒有人知道他們的名字、也沒人願意見他們一面，那他們又是怎麼找出辦法開創自己的事業？我這個十八歲青年天真的大腦就在這時發揮了功能：嗯，如果沒人寫我想讀的內容，那我何不自己動手寫呢？

那是個很蠢的念頭，畢竟我連讓期末報告不被老師畫上半頁的紅字都無法。所以我決定，還是別幹此事為妙。

但是，隨著日子一天天過去，這個想法始終揮之不去。比起寫書這件事，開始一件「任務」，一趟找出答案的旅程，這個想法反而更令我感興趣。我認為，如果我能跟比爾．蓋茲本人說上話，那他一定有重量級的建議可以給我。

我把這想法告訴朋友，要他們給我些建議。結果發現，原來盯著天花板看的人不只我一個。他們也很想知道人生的答案。要不然，就當是由我代表他們出這趟任務好了？不如我撥通電話給比爾．蓋茲，訪問他，然後也去找其他名人，最後把我的發現寫成一本書，和跟我同個世代的人分享？

只不過，這件事難就難在經費。飛去訪問這些人需要錢，而我沒錢。光是學費就快把我壓死了，成年禮時收到的祝賀禮金也早都花光了。一定有別的辦法！

秋季學期期末考前兩天的晚上，我又跑去圖書館。休息時，我隨意地瀏覽著臉書。就在這時候，我看到某個朋友的貼文，說自己參加《價格猜猜猜》（*The Price is Right*）贏得了三張免費票券。這個節目的拍攝地點正好就在距離校區幾公里遠處。我還記得這是小時候生病在家時會收看的幾個節目之一。主持人有時會選出一些觀眾當參賽者，節目會出示幾個價格選項，假如參賽者選擇的數字在不超過商品實際價格的情況下，又最接近實際價格，那他們就會贏得獎品。我從沒完整地看完一整集節目，但這會有多難呢？

要是……要是我去參加這個節目，然後贏到一些錢，那就可以拿來資助我的任務啦？

這實在是太荒謬了。明天早上節目正要開拍，而且我得準備期末考。可是，參加節目的念頭一直爬進腦袋裡。為了證明給自己看，這是個糟糕的想法，我攤開筆記本，寫下最好和最糟的情況。

最糟糕的情況

1. 期末考被當掉。
2. 毀了上醫學院的機會。
3. 我媽會恨死我。
4. 不，我媽會殺了我。
5. 我在電視上看起來很胖。
6. 大家會嘲笑我。
7. 根本就上不了節目。

最好的情況

1. 贏得獎金，用來資助我的計畫。

我在網路上搜尋，想計算出贏得比賽的機率。一般來說，被選出的三百個觀眾中，會有一個人可以贏得比賽。我拿出手機，打開計算機算了一下：中獎率〇・三%。

看吧，這就是為什麼我討厭數學！

我盯著手機上〇・三這個數字，再瞥向書桌上那一摞生物教科書。可我滿腦子都只想著，萬一……萬一……我中獎的話。那感覺就好像有人繞著我的腸子綁上一條繩子，然後慢慢地從另一頭扭緊。

我決定做符合邏輯的事：好好研讀一番。

但我不是在準備期末考的內容，而是在研究該怎麼玩《價格猜猜猜》。

有錢就有籌碼

任何一個看過《價格猜猜猜》的人，就算只看三十秒、聽過主持人說「上臺來」，也都知道，能夠占據電視螢幕的參賽者，大多皆是衣著鮮豔、性格狂野不拘的類型。節目營造出一種「所有參賽者都是從觀眾中隨機選出」的感覺，但凌晨四點鐘當我以「怎樣才能被《價格猜猜猜》選中」為關鍵字在谷歌搜尋時，我才發現，節目選擇參賽者的方法可一點都不「隨機」。首先，會有一個製作人面試每個現場觀眾，然後選出最瘋狂的人。如果製作人喜歡你，就會把你的名字加進一張清單裡，再交給從遠處觀察的臥底製作人。如果臥底製作人在你的名字旁打了個勾，那你就會被叫上臺。原來這和運氣一點關係都沒有，背後可是有個系統。

隔天早上，我打開衣櫥，穿上最鮮豔的一件紅色襯衫，一件寬大的羽絨外套，再戴上螢光黃的太陽眼鏡，讓自己看起來就像是一隻臃腫的大嘴鳥，好極了。我開著車抵達哥倫比亞廣播公司電視臺，停好車後走向報到處。因為我無法辨識出誰才是臥底製作人，所以我只好先假設每個人都可能是。所以，我擁抱警衛、和清潔工跳舞、和某個老太太擠眉弄眼了一番，甚至還跳了街舞的地板動作，其實我根本就在亂跳。

我和其他觀眾一起，沿著攝影棚外頭圍得像迷宮一樣的紅龍柱排隊。隊伍持續前進，終於，快輪到我接受面試了。我的目標出現了。我前一晚花了好幾小時研究他，他名叫史丹，是負責挑選參賽者的製作人。我對於他的出身、讀哪間學校等資訊瞭若指掌，還有，他非常仰仗一塊寫字板，不過他從來就不會自己拿著板子，而是讓坐在他身後的助理負責拿這塊板子。當史丹選中某個參賽者時，他會轉向她，她就會把名字寫下來。

一個工作人員示意我們十個人往前移動。史丹就站在三公尺之外，走過一個，再下一個人。「你叫什麼名字？你是哪裡人？」他的一舉一動都有種節奏。根據官方說法，史丹是製作人，但在我看來，他其實是保鑣。如果他的寫字板上沒有我的名字，那我就沒辦法上節目。現在，保鑣已經來到我的正前方了。

「嘿！我的名字是艾力克斯，我來自洛杉磯，在南加大讀醫學預科！」

「醫學預科？那你大概老是在唸書吧！怎麼會有時間看《價格猜猜猜》？」

「價格什麼？喔！所以我現在是參加這個節目啊！」

他連賞我個同情的微笑都沒。

我得想辦法扳回一城。根據我讀過的某本商業書籍，作者說肢體接觸能讓關係升溫，我有個點子了！

我一定得摸到史丹。

「史丹，史丹！過來這裡！我想要跟你來個特別的打招呼手勢！」

他翻了一個白眼。

「史丹！拜託嘛！」

他走了過來，我們擊掌。「老兄，你完全搞錯了啦！」我說，「你到底幾歲啊？」

史丹咯咯笑出聲來，我為他示範該怎麼互相撞擊拳頭，然後收回拳頭時把手張開，同時發出像是爆炸一樣的聲響。他笑得更大聲了一點，祝我好運，然後就走開了。他沒有跟助理眨眼；她也沒有在寫字板上寫下任何東西。就這樣了，一切都結束了。

有過這種經驗嗎？夢想就在眼前，你幾乎要摸到它了，但突然之間，它不見了，像沙子從指縫中溜走。就是像現在這個時刻。最糟糕的是，你知道如果再獲得一次機會，自己一定能把握住它。我不知道自己中了什麼邪，但我用盡全身的力氣，開始大吼大叫。

史丹跑過來，慢慢地點著頭，給了我一個「好吧，小子，你想幹嘛」的表情。

「呃……呃……」

我上上下下打量他：他穿著一件黑色高領毛衣、牛仔褲、圍著一條素色紅圍巾。我不知道該說些什麼。

「呃……呃……你的圍巾！」

他斜眼看著我。現在我真的不知道該說什麼了。

我做了一個深呼吸，鼓起我能召喚出來的所有勇氣，看著他說：「史丹，我超喜歡收集圍巾的，我宿舍裡現在已經有三百六十二條，就差你這一條了！你在哪買到的？」

緊張的氣氛立刻一掃而空，史丹大笑了出來。彷彿他知道我為什麼會有這些舉動，比起我說的內容，我這麼做背後的原因更令他發噱。

「哦！這樣的話，我的圍巾你拿去吧！」他邊笑著，邊把圍巾從脖子上拿下來給我。

「不！不！不！」我說，「我只想知道你是在哪買的！」

他的臉上閃過一抹微笑，然後轉向助理，她便在寫字板上潦草地寫下一些東西。

臨時抱佛腳，集眾人智慧於一身

我站在攝影棚大門外，等著開門。一個年輕女人走過我身旁，我發現她四處張望，盯著大家的名牌，褲子後面的口袋露出一小截的識別證套。她一定就是臥底製作人了。

我和她對上眼，做了個鬼臉，拋出幾個飛吻給她。她開始笑，然後，我又加碼了一九八〇年代的灑水器舞步，她笑得就更厲害了。她盯著我的名牌，從口袋中抽出一張紙，在上頭寫了些字。

按照常理，這時候我應該要覺得像飛上天一樣，但也就在此時我才驚覺，我花了一整晚時間研究該怎樣才能成功被選上，但卻不知道該怎麼玩那些遊戲。我拿出手機，開始谷歌「價格猜猜猜怎麼玩」；但是三十秒鐘後，警衛就從我手上把手機「叼」走了。

我看看四周，發現警衛收走了每個人的手機。通過金屬探測器後，我重重地跌坐在一張長凳上。沒了手機，我覺得自己手無寸鐵。坐在我旁邊，頭髮已花白的一個老太太問我怎麼了。

「我知道這聽起來很瘋狂，」我回答她，「我是突然想要來參加節目，贏一些錢好資助我的夢想，但我從來沒有看完一整集節目，然後現在他們又拿走我的手機了，所以我根本就不知道節目到底怎麼進行，還有……」

「哦！親愛的！」她說，一邊捏捏我的臉頰，「這節目我已經看了四十年了！」

於是我問她有什麼建議可以給我。

「親愛的，你讓我想到我孫子！」她往我靠過來，輕聲跟我說：「永遠都不要出高價。」她解釋道。如果出價過高，就算只超過一塊錢，都算輸；但是假如出價比較低，就算低了一萬元，還是能再獲得一次機會。她不停說著，我覺得自己好像把這數十年的經驗輸入到自己的腦袋裡。這時，所有的燈光突然都暗了下來。

我跟她道謝，轉向在我左邊的男生說：「嘿！我是艾力克斯，今年十八歲，我從來沒從頭到尾看過一整集節目，你有什麼建議嗎？」然後，我又去找下一個人、下一群人詢問。我在人群中跑來跑去，幾乎和一半的觀眾說上話，為了集眾人之智慧。

通往攝影棚的門終於打開，我步入攝影棚，整個地方聞起來好一九七〇年代。藍綠色和黃色的掛布垂掛在牆上，金色和綠色的燈泡閃爍著燈光，在掛布間舞動著。後方牆上畫著會讓人產生幻覺的花朵圖樣。就只缺一顆七彩霓虹燈了。

錄影現場開始播放主題音樂，我找了個位子坐下。我把羽絨夾克和黃色墨鏡塞在椅子下，管它什麼大嘴鳥啊什麼的，上場時間到了！

如果要說有哪一個時刻需要禱告，那就是現在了！我低下頭，閉上眼睛，用一隻手把臉蓋起來。接著，我就聽到頭部上方傳來一個低沉、轟隆隆的聲音。句子裡的每個音節都拖得很長，聲音也越來越大。但那不是上帝，是電視之神。

「我們即將開始！來自好萊塢 CBS 電視臺，鮑伯．巴克為您呈現《價格猜猜猜》！現在，讓我們歡迎主持人：德魯．凱瑞！」

電視之神叫了前四名參賽者上臺。我不是第一個、也不是第二、第三個，但輪到要叫第四個人的時候，我有種「就是我了」的感覺。我把椅子上的屁股往前挪了一些，但是，第四個人並不是我。

這四名參賽者站在金光閃閃的舞臺上。一個穿著復古媽媽牛仔褲的女人贏得開場的第一個回合，前進到獎勵回合。但是節目才開錄四分鐘，他們就叫了第五個參賽者上臺好填補她的空位。

「艾力克斯．班納揚！上臺來吧！」

我從位子上一躍而起，觀眾和我一樣情緒沸騰。我迅速跑下階梯，一邊和兩旁的觀眾擊掌，他們就好像是我的新家人，我現場臨時的堂表弟妹也都參了一腳等著看好戲，他們心知肚明我根本不知道自己在幹嘛，而且對此享受萬分。我到了臺上，連喘個一秒氣的時間都沒有，主持人德魯就開口了：「請秀出下一個獎品！」

「現代風皮椅和鄂圖曼式腳凳！」

「猜猜看哪，艾力克斯！」

出價低一點。出價低一點。

「六百美元！」

觀眾都笑了，接著輪到下一個參賽者出價。實際的零售價是一千一百六十一美元。贏家是一個年輕女生，她跳上跳下、大喊大叫。幾乎每個人都在大學校園酒吧裡看過像這樣的女生：窩吼女，就是那種每每一口氣喝完龍舌蘭後，大吼著「窩吼！」的那種女生。

窩吼女完成了她的獎勵回合，然後接著又是下一輪的猜價。

「一張撞球檯！」

我表哥也有一張撞球檯，這種東西會有多貴？

「八百美元！」我說。

其他參賽者出價一個比一個還高。德魯揭曉零售價，一千一百美元。其他參賽者出價都太高了。

「艾力克斯！」德魯說，「上臺來吧！」

我衝上舞臺，德魯瞅著我紅色襯衫上的南加大字樣：「很高興認識你，你是南加大的學生？你在那裡唸什麼？」

「企業管理！」我衝口而出。這也算是有一半真啦，因為我的確有修企管的課。但我為什麼在節目上不敢提主修是預醫科呢？或許我比我願意承認的還更認識自己吧！但我無暇留心太多事，因為電視之神正在揭曉我的獎勵回合的獎品。

「全新水療組合！」

全新的一個按摩浴缸，裡頭有LED燈，一組出水孔和能容納六個人的座位。對一個大學新鮮人來說，這跟黃金一樣值錢。要怎樣才能在宿舍放得下這玩意兒啊？我也不知道。

節目秀出八個不同標價，如果我選對了，那我就可以帶走這個浴缸了。我猜四千九百一十二美元，不過實際的價格是，九千八百七十八美元。

「艾力克斯，至少你還有張撞球桌，」德魯說道。他直勾勾地看著攝影機，「別走開，接著我們就要來──好運轉轉轉！」

節目切換至廣告休息時間。節目助理們把一個約五公尺高的轉輪推上臺，它看起來就像是鑲著亮片和霓虹燈的巨型吃角子老虎機臺。

我轉向其中一名助理，開口問道：「呃，不好意思，抱歉，很快問一下，等下是誰要來轉這個啊？」

「誰來轉？當然是你啊！」

他解釋說，我們三個人中贏得接下來開場回合的那個人，就可以獲得轉輪的機會。轉輪上一共有二十個數字，從五開始，然後十、十五，一路到一百。誰轉到的數字最大，就可以前進至最終回合。如果有人完美地轉到數字一百，他或她還可以贏得額外的獎金。

主題音樂又開始播放了，我跑到定位點，就在牛仔褲女和窩吼女中間。德魯大跨步朝我們走來，同時舉起了麥克風。

「歡迎回來！」

牛仔褲女先轉。她向前跨一步，抓住輪子一轉，喀啦喀啦喀啦……八十。觀眾發出鼓譟聲，就連我也知道，轉出這個數字真是頗了不得。

我往前移動了一些，抓住輪子上的把手，向下一拉，喀啦喀啦喀啦……八十五！觀眾爆出歡呼聲，激動的聲音大到連天花板都好像要被搖下來了。

窩吼女也往前跨一步轉輪，結果轉出五十五。我正準備大肆慶祝時，卻發現觀眾鴉雀無聲。原來德魯又給了她一次機會。我事後才知道，這和黑傑克的規則一樣。假如兩次轉到的數字相加起來沒有超過一百，又比我轉出的數字大，那麼她就是獲勝者。她再轉了一次轉盤，又轉出五十五。

德魯高聲宣布：「艾力克斯！你正準備前往〈獎品通通帶回家〉回合！更多的價格猜猜，我們馬上回來！」

我被引領至舞臺側邊，同時間，一批新的參賽者接續廝殺，看是誰出線成為我在最後一回合的對手。二十分鐘後，結果揭曉。對手的名字是塔妮莎，她在晉級的過程中可說是輾壓對手，彷彿她一輩子都在好市多研究商品標價。到目前為止，她已經贏得一套價值一千美元的行李箱組、一萬美元的日本旅程，而且在〈好運轉轉轉〉單元，還轉出了完美的一百。面對像塔妮莎這樣對手，我覺得自己就像是面對巨人歌利亞的大衛，而且還是忘記帶著彈弓的大衛。

最後一回合前的廣告時間我才意識到，自己從沒看到節目這麼後面的地方過。而且最嚴重的是，之前我問過的那些觀眾們也沒給我這關的建議，因為根本沒人覺得我能走這麼遠。

塔妮莎走過我旁邊，我伸出手和她握了一下。

「祝你好運！」我說。

她上下打量了我一番。「嗯哼，需要好運的人是你。」

她說得沒錯，我需要火速救援，所以我把雙手高高舉起，走向主持人。「德魯！我超愛你在《對臺詞》（*Whose Line Is It Anyway?*）裡的演出！」我給了他一個擁抱，但他身子往後一抽，改用單手給了我一個詭異的輕拍。

「德魯，你有辦法解釋給我聽〈跟著獎品回家去〉是怎麼進行的嗎？」

「首先，」他說，「這叫做〈獎品通通帶回家〉！」

他用好像在對幼稚園小孩講話的方式跟我解釋，然而在我意會過來以前，主題音樂就又響起了。我趕快衝向我的位置。六部如同機關槍般巨大的攝影機對準了我的臉，刺眼的白光從上方照下來。塔妮莎在我左手邊正手舞足蹈。媽的，我今天晚上還要回去圖書館唸書。在我右手邊，德魯往前走了幾步，一邊調整著領帶。喔！我的老天，我媽一定會殺了我。音樂越來越大聲，我瞄到之前那個捏我臉頰的老太太。專心！艾力克斯，集中注意力！

「歡迎回來！」德魯說，「我身旁的是艾力克斯和塔妮莎。遊戲即將開始，祝兩位好運！」

「來一趟充滿動作和冒險、如同雲霄飛車般刺激的旅程吧！首先是，加州六旗魔術山樂園的套裝行程！」

因為外在的刺激實在太多了，所以我根本沒法聽清楚細節，但我想主題公園的套票是能貴到哪去？誰知道我錯失套組內容，這是一組貴賓套票，附帶禮車接送、快速通關護照，而且還附贈每一餐，喔還有，是兩人份的套票。

第二個獎項，我只聽到「巴拉巴拉巴拉，佛羅里達州之旅！」我平生連機票都沒買過，一張機票多少錢？大概一百美元吧？不，兩百美元？我又再度錯失這個獎項套組一些內容描述，包括租車券、五個晚上的頂級旅館住宿。

「而且，你還可以體驗一下無重力的飛行體驗！」

聽起來像是嘉年華會。這需要花多少錢？再多一百美元？稍後我才知道美國太空總署訓練太空人的方法。原來待在無重力狀態下十五分鐘，就要價五千美元。

「最後……在公海上來趟冒險吧，多謝這艘棒呆了的帆船！」

舞臺上的門打了開來，一個模特兒揮舞著雙手，出現了，這艘珍珠白色、閃亮奪目的帆船。當我終於冷靜下來更仔細地端詳以後才發現，這艘船看起來其實滿小的。最多，四千，不，五千美元？但又一次，我沒聽到這艘船是一條五．五公尺長的卡塔麗娜二代，還附贈一部拖船架，裡頭還有客廂房。

「贏得〈獎品通通帶回家〉，你就可以去六旗魔術山樂園玩，還能到佛羅里達州度個假，還有一艘帆船！你再也不會覺得無聊啦！如果你猜對價錢，這些全部送給你！」

觀眾的歡呼聲在攝影棚的牆壁間迴盪著。攝影機來來回回地拍攝，我計算了總額，腦中浮現出一個數字，不知為何，我覺得就是它了。我把身體往前傾，抓住麥克風，擠出我擠得出來的所有自信說：「德魯，我猜六千美元！」

一片死寂。

我站在那，感覺像過了好幾分鐘，不明白為什麼觀眾一片靜悄悄。然後我才發現，德魯還沒確認我的答案。我轉向德魯，他臉上有種困惑、幾乎可說是有些傻住的表情。我終於看懂了這個暗示。我聳了聳肩，伸手去拿麥克風，畏畏縮縮地吐出「呃，開玩笑的？」幾個字。

觀眾紛紛報以熱烈掌聲，德魯像是又活過來一般，問我真正的答案是什麼。呃，剛講的那個就是我真正的答案啊！我看向帆船，接著看向觀眾，「嘿大家！幫幫我啊！」

他們每個人發出的聲音融成一團，像一大聲的吼叫。

「艾力克斯，你的答案是什麼？」德魯步步進逼。

觀眾慢慢開始同聲喊著相同的一個數字，一次又一次。但我實在聽不清楚，只聽得出「ㄙ」的音。

「艾力克斯，答案是？」

我握住了麥克風說：「德魯，這次我要聽觀眾的話，三千美元！」

德魯立刻回我說，「你知道三千和三萬不一樣，對吧？」

「呃，我當然知道！我只是鬧著你玩的！」我假裝自己在思考，口中念念有詞，「我覺得應該是兩萬塊，比兩萬塊高嗎？」

觀眾大喊著，對！

「三萬嗎？」

對！

「兩萬九咧？」

不對！

「好吧，」我看向德魯說，「觀眾朋友們說是三萬，所以我決定押在三萬！」

德魯確認我的答案。

「塔妮莎，」德魯說，「接下來換妳的〈獎品通通帶回家〉回合，祝好運！」

她很在狀況內，繼續不停地跳著舞，我則是一直流汗。

「全新越野車、亞利桑納州的露營體驗，加上一部全新的卡車，如果猜對價錢，妳就可以把它們通通帶回家！」

她給了預估價格，現在是時候揭曉結果了。

「塔妮莎，我們先從妳開始公布！」德魯繼續說道，「一趟去亞利桑納州鳳凰城的旅程，加上一部二〇一一年款，全新的道奇大公羊貨卡。妳預估的價錢是兩萬八千九百九十九美元，而實際的售價是……三萬三百三十二美元！和妳的預估差了一千三百三十三美元！」

塔妮莎向後跳了一步，手朝天花板揮拳。

好吧！我想著，離期末考還有二十四個小時。如果我現在直接從攝影棚開車到圖書館，那我還有六個小時可以唸生物，三個小時讀……

德魯公布了我的零售價格，觀眾們比今天一整天下來都還歡呼得更厲害。製作人示意要我微笑，我把身體伸了出去，想看清楚我的問答臺前顯示的數字。

我預測的價格是三萬美元，而售價格是三萬一千一百八十八美元。

我以一百四十五元之差打敗了塔尼莎。

我的臉瞬間從「期末考前一天」要死不活的樣子，變成了「剛贏得大樂透」那歇斯底里嗨的表情。我從問答臺上跳下來，和德魯擊掌，擁抱剛剛那個模特兒，然後跑向那艘帆船。

德魯轉著圈，再次看向攝影機。

「感謝你今天的收看，《價格猜猜猜》我們下次見，掰掰！」

掃 QR code 可見
我贏得大獎的興奮模樣

你到底想要做什麼？

我把帆船以一萬六千美元賣給了一個專門經銷船舶的船商，對一個大學生來說，這筆錢就像是一百萬美元這麼多。我覺得自己超有錢，不停買奇波雷（Chipotle）的卷餅給所有朋友吃，還送大家免錢的酪梨醬喔！然而等到假期結束，春季學期開始，我又重回學校時，派對可就正式結束了。對我來說，在想像能夠跟著比爾．蓋茲學東西的同時，要對預醫課程視而不見實在很難。我算了一下還要幾天才放暑假，到時候我就終於可以把注意力放在我的任務上了。

放假前，我和預醫科導師有例行性的會談時間。她在鍵盤上敲敲打打一陣，翻閱了我的成績單，研究著我那些「還沒打上勾」的欄目。

「喔不！艾力克斯先生，我們有個小問題了！」

「什麼問題？」

「看起來你的學分還不夠。如果你想繼續留在預醫課程裡，你就得暑修化學。」

「不行！」這兩個字在我還來得及攔截之前就脫口溜了出來。「我的意思是，我已經有其他計畫了。」

我的導師坐在椅子上，慢慢地轉離電腦，然後直直地看著我。

「不不不，艾力克斯先生。選修預醫課程的學生不會有其他計畫。你要嘛在下週三以前去報名上化學，不然你就再也不是預醫科生。你要嘛就待在軌道上，不然就去別的地方。」

我拖著身體回到宿舍。讓我質疑人生的事物都還在這兒：白色天花板、南加大美式足球隊海報和生物課本。只不過這一次，有些地方感覺起來不太一樣。我坐在書桌前，開始寫一封要給我爸媽的電子信件，告訴他們我不再唸預醫課程，要主修科系要改成企管。儘管我很努力地試著打出些東西來，但卻連一個字都打不出來。對大多數其他人來說，轉換主修科目沒什麼大不了；但由於我父母多年來一再重申能參加我的醫學院畢業典禮是他們最大的夢想，所以每回當手指敲擊鍵盤時，我都覺得好像在粉碎他們的希望，每敲一次鍵盤就是一次打擊。

我用意志力寫完這封信，然後按下發送鍵。我等著收到媽媽的回覆，但從未收到。我打電話給她，她也不接。

當週週末，我開車回家看看父母。當我從前門走進家裡時，我看到我媽坐在沙發上抽泣，手裡還抓著已然皺巴巴的衛生紙。我爸就在我媽旁邊。我的姊姊和妹妹，塔莉亞和布莉安娜也在客廳裡，但她們一看到我就立刻作鳥獸散。

「媽，對不起啦，但妳得相信我！」

她說，「如果不當醫生，你的人生要怎麼辦？」

「我不知道。」

「你有想好拿到企管學位以後要做什麼嗎？」

「我不知道。」

「那你要怎麼養活自己？」

「我不知道！」

「你說得對，你不知道！你什麼都不知道！你不知道現實人生是怎樣，你不知道兩手空空在一個陌生國家重頭來過是什麼樣子。但我知道的是，如果你當個醫生，如果你有能力救人一命，那麼不管到哪去，你都活得下來。去四處冒險不是職業。你不可能逆轉失去的時間。」

我看著我爸，希望他能站在我這邊，但他只是不停地搖著頭。

整個週末，我們都在冷戰，我知道自己該做什麼，於是，我做了我向來都會做的事：打電話給外婆。

對我來說，外婆就好像是第二個媽媽。小時候我最喜歡的地方就是外婆家，在那裡，我覺得很安心。我人生中記得的第一個電話號碼，就是外婆家的電話號碼。每次只要和媽媽吵架，我就會告訴外婆我這一方的「片面之詞」，然後她就會說服我媽網開一面。這也是為什麼我認為打電話給外婆，她一定能夠理解。

「我覺得……」她說，聲音聽在我耳裡輕輕柔柔的，「……我覺得你媽媽說得對。我們來美國、犧牲了所有，不是為了讓你棄這一切不顧的。」

「我沒有要棄之不顧。但我真不懂這有什麼了不起的。」

「你媽想要你可以擁有我們不曾擁有過的人生。你要知道，在大革命中，政府可以拿走你的財產、你的生意，但如果你是醫生，他們可拿不走你腦袋中的知識。」

「還有，如果你不喜歡醫學，」她又補上幾句，「那也沒關係，但只有大學學歷在這個國家是不夠的。你還得再讀一個碩士。」

「讀碩士有什麼難的，我可以去讀個企管碩士學位，或是念個法學院。」

「如果你想這麼做，那也可以。但我告訴你，我不希望你變得跟那些美國孩子一樣，漫無目標，然後想去環遊世界尋找自我什麼的。」

「我只不過是想換一個主修科系！我會獲得企管碩士學位，或之類的東西啦！」

「好吧，如果你已經有計畫了，那我會跟你媽說說。但我需要你向我保證，不論如何，你都會念完大學然後再得到碩士學位。」

「好啦，我保證。」

外婆的聲音嚴厲了起來，說：「不可以，不要用這種態度跟我說『好啦，我保證』，要說我以性命發誓我會拿到碩士學位。」

以性命發誓已經是波斯語中最強烈的保證，外婆居然還要我用她的性命作擔保。

「好好好，我發誓！」

她說：「不是，好好說，『以妳的性命發誓』。」

「好，我以妳的性命發誓。」

謝家華的傳記讓人感覺一切皆有可能

天氣越來越暖和，夏天終於到了。我把宿舍房間整理乾淨，搬回了家裡。但回家第一天，我卻沒有休息到的感覺。如果要能認真對待這項任務，那我需要一個可以認真工作的地方。

那天深夜，我從我媽的床頭櫃上抓了她的鑰匙，開車到她的辦公室大樓，爬上通往儲物櫃的樓梯，打開燈。這個空間很狹小，而且布滿蜘蛛網，裡頭有個老舊的檔案櫃、破破爛爛的收納箱和一張椅子擠在搖搖欲墜木桌後頭，感覺像隨時要散了。

我整理了那些收納箱，把它們收進車子裡，放進家裡的倉庫。隔天早上，我搬進幾個書櫃，用吸塵器吸乾淨滿是灰塵的地毯，在門上方黏了一張南加大的旗幟。然後，我安裝好一臺印表機，裁剪出上頭寫了我名字和電話號碼的名片。當我終於在桌旁坐下時，忍不住微笑著把腳在桌上翹得老高，這感覺就像是一間在紐約曼哈頓區某棟高樓裡的邊間辦公室嘛！雖然事實上，它看起來可能更像哈利波特睡覺的碗櫥。

再下一週，幾十個亞馬遜購物網站的卡其色紙箱抵達了。我一一拆開包裹，抽出用

《價格猜猜猜》獎金購買的書。我把所有跟比爾．蓋茲相關的書排成了一列。

另外一列則全是政治家，接著一列是企業家、作家、運動員、科學家和音樂家。我花了好幾小時把書架上的書按照高矮排列，每本書都成為了地基的材料之一。最上面那層，我只放了一本書，封面朝外，彷彿像是一座神壇。這本書是謝家華的《想好了就豁出去：人生不能只做有把握的事，鞋王謝家華這樣找出勝算》（*Delivering Happiness*），謝家華是全球最大網路鞋店薩波斯（Zappos）的執行長。當我開始被「我的人生要幹嘛」的疑惑襲擊時，曾跑去某個企業研討會當義工，現場免費贈送他的書給每個人。當時的我不知道他是何方神聖，也不知道他的公司在幹嘛，然而大學生是不會拒絕免錢東西的，於是我也拿了一本他的書。後來，當我爸媽對我棄醫轉換主修科系的決定歇斯底里時，我自己也倍受折磨，無法確定自己的決定是否正確。就在此時，我看到這本放在桌上的書。（英文）書名中有「幸福」兩個字，所以我伸手拿來讀，想轉移一下注意力。誰知道，看了以後卻欲罷不能，手不釋卷。讀著謝家華的旅程——**即便所有事情都可能出錯，他還是孤注一擲跨出信心的一步**，幫助我找到心中那份自己都不知道竟然存在的勇氣。他的故事讓我有動力去追逐自己的夢想。這也是為什麼我要把這本書放在最上層。每當我需要提醒自己萬事皆有可能時，我只需要抬頭看一下就好。

在為儲物櫃櫥櫃進行最後妝點的時候，我才突然想起，我都還沒問過自己誰才符合我心中對「成功人士」的定義。我該怎麼決定這項任務中要訪問的對象？

於是，我打給死黨們，跟他們解釋了我的困擾，要他們來儲物櫃跟我會合。當晚，他們一個個走了進來，像是球賽的先發隊員一樣。

最先進來的是柯溫，他有一頭過肩、凌亂的頭髮披垂著，手上拿著一部攝影機。我們是在南加大認識的，他在學校裡主修電影製作。我總覺得他要不是在沉思，要不就是在趴在地上透過相機觀景窗取景。柯溫是我們這些人當中的清新觀點。

接著進來的是萊恩，他正低頭看著手機，研究 NBA 的數據，一如往常。我們倆是在七年級的數學課堂上認識的，我之所以沒有被當，都是託了萊恩的福。他是咱們的數據演算者。

然後是安德烈，他也同樣低著頭盯著手機，但是我了解他，肯定又是在跟哪個女生傳訊。我們是十二歲時成為朋友的，認識他這麼久以來，他一直都是個大情聖。

布蘭登跟在後頭進來，手上拿著一本橘色書皮的書，放在臉前，進門時還邊繼續讀著。布蘭登可以一天就讀完一本書。他就是咱們的活維基百科。

最後進門的是凱文，他臉上掛著一抹大大的微笑，他一來，整個儲物櫃就變得生氣蓬勃。凱文的活力讓我們這個團隊連結在一塊兒。他就是我們的奧運聖火。

我們坐在地板上，開始集思廣益：如果可以創辦一所夢寐以求的大學，那我們會找誰來當教授？

「比如說，比爾．蓋茲教商學，」我說，「然後女神卡卡教音樂。」

「馬克・祖克柏教科技！」凱文喊著。

「華倫・巴菲特教金融。」萊恩說。

我們就這樣討論了半小時。唯一一個完全沒有提名任何人的人，是布蘭登。我問他有什麼想法，他舉起了那本橘色書，指向封面。

「你應該跟這個人聊聊，」布蘭登說，手指著封面上的作者姓名，「提摩西・費里斯（Tim Ferriss）。」

「誰？」我問。

布蘭登把書拿給我，說：「讀讀看，你會迷上他的。」

我們繼續腦力激盪，史蒂芬・史匹柏教攝影、賴瑞・金教訪問，不用多少時間，我們就有了一份名單。朋友們回家後，我把這些名字寫在索引卡上，放進皮夾裡，好隨時激勵自己。

隔天早晨，我跳下床，意志前所未有地堅決。我從皮夾裡拿出索引卡，盯著這些名字。我持續向前的動力，來自於堅信自己能在夏天結束前訪問到這些人。假如那時我就知道這趟旅程未來的發展，我很快就會遭受慘烈打擊，那麼或許我根本就不會開始這一切了。但話又說回來，天真的好處就是在這。

Step 2

奔進巷子裡

史蒂芬・史匹柏：用史匹柏公式找到史匹柏

既然現在手上有了這份名單，我直接衝向儲物櫃，坐在桌子前，打開筆電。然而當我盯著電腦螢幕時，一種冰冷、空洞的感覺卻流過我全身。我唯一想得到的事是：所以現在要……？

這是生平第一次，沒有老師告訴我什麼時候該來上課。沒人告訴我要念什麼或派作業給我。我向來就討厭逐條完成任務，但現在再也沒有這些要求時，我才發現，自己原來這麼依賴它們。

後來的我才明白，**對任何準備開創新事物的人來說，這些徬徨時刻是多麼地重要和關鍵**。很多時候，完成夢想最艱困的部分並不在於完成夢想這件事本身，而是在於還沒有個具體計畫的當下，仍然可以跨越自己對未知的恐懼。有老師或老闆告訴你該做些什麼，反而讓生活簡單得多。儘管如此，已知所帶來的舒適感卻無法助人完成夢想。

由於我完全不知該從何處著手爭取訪問的機會，所以我寄了電子郵件給所有認識的大人，尋求他們的意見。我聯絡了教授、朋友的父母。簡單說，就是任何一個我認識而且覺得看起來應該滿知道自己在幹嘛的人。第一個同意和我見面的人，是某個在南加大上班的行政人員。幾天後，我們在校園裡的一間咖啡店碰面。她問我想要訪問誰，我從皮夾裡拿出了索引卡遞給她。她的雙眼快速掃過這些名字，然後臉上漾起了一抹微笑。

「我不應該告訴你這個的，」她一邊說一邊降低音調，「不過，史蒂芬·史匹柏再過兩週要來影劇學院參加一場募款餐會。學生是不允許參加募款餐會的，但是……」

要再過好一陣子，我才真正領教到這條禁令的威力。影劇學院開學的第一天，院長就言明了學生絕對、絕對不可以參加募款餐會，找人拉贊助。但那時的我還不知道這些，所以當我坐在咖啡館裡時，心中想到的唯一一個問題只是：「我要怎樣才能混進去？」

她告訴我說，這是個小型的餐會，如果我穿著西裝過去，她可以用我是她「助理」的名義帶我進場。

「聽著，我沒辦法保證一定可以讓你靠近史匹柏，」她接著補充道，「但讓你進門應該不是什麼太難的事。進去了以後，你就要靠自己了。所以，如果我是你的話，我會做好準備。回家去看完他拍的所有電影，讀遍所有和他有關的資料。」

我乖乖照辦。早上的時間，我仔細地研讀了那本六百頁厚的傳記，晚上就看史匹柏拍的電影。最後，這一天終於來到。我打開衣櫥，穿上我那一○一套西裝，出發前往會場。

影劇學院的戶外中庭搖身一變，成了完全不像學校的樣子。沿著走道鋪設了紅地毯，高腳桌整齊地排列在精心修剪過的花園裡，穿著燕尾服的侍者端著上頭擺放了開胃小點的托盤，在人群間穿梭滑動。我站在這一群贊助者中間，聽著影劇學院院長開始她的開場演說。院長沒有比講臺高上多少，但她一出現就抓住了全場的注意力。

我用顫抖的雙手理直了西裝外套，慢慢地往前移動。在我前方三公尺之處，肩並肩站著的，正是史蒂芬・史匹柏本尊、《星際大戰》導演喬治・盧卡斯（George Lucas）、夢工廠動畫公司執行長傑佛瑞・凱森柏格（Jeffrey Katzenberg）和演員傑克・布萊克（Jack Black）。我走進會場時緊張兮兮地，但現在呢，可有如驚弓之鳥。史匹柏正在和那個創造出黑武士和路克天行者的人聊天，我要怎麼接近他？我該說些什麼？「不好意思喔！喬治，請你閃一邊去？」

院長還在繼續她的演講，我又靠近了三公分。史匹柏現在已經近到我看得到他那件石墨灰獵裝外套上縫線的地步了。他戴著一頂老氣的報童帽，帽子下是一小撮頭髮，一些細微、和善的皺紋沿著他的眼周分布。他就在這兒，《E.T外星人》、《侏儸紀公園》、《印第安納瓊斯》、《大白鯊》、《辛德勒的名單》、《林肯》、《搶救雷恩大兵》等電影幕後的推手，而我現在只需要等院長的演說完畢。

鼓掌聲響徹整個中庭。我試著走完朝向史匹柏的這最後幾步，但我的雙腳好像生了根似的，喉嚨裡也好像長出什麼東西。我立刻就知道發生了什麼事，這和我每次想接近學校裡暗戀的女生時的感覺一樣，我把它稱之為「糗糗」。

我還記得第一次感受到「糗糗」是在七歲時。吃午飯時，我坐在學校餐廳裡的一張長桌旁，四處張望。班拿了薯條和燕麥堅果棒、哈里森拿了切邊的火雞三明治，然後是我，我手裡是一個沉甸甸、裝滿米飯的塑膠餐盒，米飯上覆滿綠色的燉肉，最上面則是紅腰豆。我打開蓋子，味道飄得到處都是。坐在我周圍的孩子指著我哈哈大笑，問說我的午餐是否是壞掉的雞蛋。從那天開始，我就把樂扣盒放在背包裡，等到放學後獨自一人時再把午餐吃掉。

一開始，「糗糗」的誕生是由於我不想和別人不同，但隨著我漸漸長大，它代表的意義也就越滾越大，遠不只如此了。每當學校的同學喊我「胖子班揚」，或當我不守秩序，老師叫出我的名字，以及每回跟女生告白，她們咬著下唇搖頭時，我都會有這種「糗糗」的感受。這些微小的時刻加總起來，一個疊上另一個，讓「糗糗」長成了某種活生生、會呼吸的玩意兒。

我很害怕被拒絕，而犯錯更是讓我羞愧非常。也因為這樣，「糗糗」總在最不該的時候癱瘓我的行為能力，搶走控制聲帶的指揮權，並且把我說的話變成斷斷續續、結結巴巴的吱唔聲。而正當我站在距離史匹柏僅剩幾公尺處的這時，「糗糗」對我產生了有生以來最嚴重的影響力。我盯著他，希望能找到開場白，但在找到該說什麼話之前，他就輕巧地飄走了。

我看著他從一群人切換到另一組人，微笑著和人握手，整場宴會似乎圍繞著他打轉。

我看了看錶，我只剩下一小時了。我走到男士洗手間，往臉上潑了一些冷水。

唯一的安慰，是知道史匹柏或許也曾和現在的我一樣，有過類似的經驗。畢竟我現在正試著要這麼做：以史匹柏之道還治史匹柏之身。

史匹柏成功的公式

史匹柏是在和我差不多大的這個年紀時，就展開了逐夢之旅。我讀過各種或有出入的記載，但據他本人所說，事情是這個樣子的：他參加了好萊塢環球影城的導覽巴士，在片場穿梭來穿梭去，跳下車，偷偷摸摸躲進廁所，隱沒在建築後頭。他看著導覽巴士開走，接下來一整天，他都待在片場。

他晃來晃去，遇到了一個在環球電視臺工作，名叫恰克．席佛斯（Chuck Silvers）的人。他們聊了一下子，當席佛斯發現史匹柏是新銳導演時，就開給他一張三日通行證。接下來這三天，史匹柏天天都跑去片場。第四天，他又出現了，這一次，他身著西裝，提著他爸的公事包。史匹柏走向片場大門，把手朝空中一揮說：「嘿！史考特」，而警衛也朝他揮了揮手。接下來的三個月，史匹柏都是這樣走到大門口前，揮揮手，直接走進門。

在片場裡，他會接近每個好萊塢影星和製片公司老闆，邀他們共進午餐。史匹柏摸進拍攝現場，坐在剪接室裡，盡可能地吸收資訊。他可是個影劇學院拒收的小朋友，在我看來，這可說是他為自己安排的教育課綱。有時候，他會在公事包裡多塞一套西裝，在辦公室裡過夜，隔天早上再換上新的一套衣服，又回到片場。

席佛斯最後成了史匹柏的導師。他建議史匹柏別再四處和人閒聊，不如等到手頭上有了品質良好的電影短片可以呈現時再回來。打從十二歲時就開始拍攝短片的史匹柏，開始著手編寫全長二十六分鐘、名為《安培林》（*Amblin'*）的短片劇本。經過幾個月耗費心力的編導、剪輯，他終於把短片拿給席佛斯看。這部短片拍得之好，讓恰克一邊看，一邊流淚。

席佛斯拿起話筒，打了一通電話給環球電視臺的製作副總裁西尼·旬柏格（Sidney Sheinberg）。

「西尼，我有個東西想讓你看看。」

「我這裡已經有滿坑滿谷他媽的影片了，能在凌晨脫身都已經很了不起了。」

「我會把這部影片和放映室那一疊影片放一起。你今晚真的應該好好瞧一瞧。」

「你真的覺得這有這麼他媽重要嗎？」

「對，我覺得這真他媽的很重要。你不看，還有別人會想看的。」

西尼看完了《安培林》後，立刻就想和史匹柏見面。

史匹柏趕到環球電影公司的片場，旬柏格當場就提供他一份為期七年的合約。這就是史匹柏成為好萊塢史上為大型電影製作公司拍戲，年紀最輕的導演的故事。

讀完這個故事，一開始我以為他只是在和大家「套交情」，也就是在片場裡四處社交、認識人。但「社交」這個字眼，總讓我想到在就業博覽會上交換名片的場景。這遠遠不只什麼套交情而已，而是應該要被稱為「史匹柏公式」。

1. 從遊園巴士上跳車。
2. 找到內應。
3. 請他或她幫忙，帶你入場。

我發現，最重要的一步是要找到「內應」，也就是某個已經在組織內，而且願意為了你不惜冒名譽受損風險的人。假如席佛斯沒有提供給史匹柏那張三日通行證，或打給製作副總裁，要他看那部影片，那麼史匹柏就絕對不可能獲得合約。

當然啦，史匹柏有著不可思議的才華，但很多新銳導演也沒有差到哪去。他能拿到合約，而其他許許多多導演卻不能，這其中必有原因。

那不是魔法，也無關運氣，而是因為「史匹柏公式」。

我在洗手間看著鏡中的自己。我心知肚明，要是無法在史匹柏就站在我面前時接近他，那麼我的任務就會胎死腹中。

我在派對上飄來飄去，然後，我再度看到他的身影。史匹柏已經移向會場的一頭，我就跑到另一頭。當他停下來和人說話時，我也停下來看手機。去吧臺拿了一杯可樂後，我開始掃視整個中庭，這也讓我的胃為之一緊，因為我看到史匹柏正朝著出口方向移動。

想都沒想，我重重地放下玻璃杯，立刻追了上去。我推擠著穿過一整群的捐款者，閃躲侍者，切過桌間。史匹柏距離出口只剩下幾公尺距離了。我放慢速度，試著完美、精準地執行我想好的步驟。但哪有時間留給完美。

「呃，不好意思，史匹柏先生。我的名字是艾力克斯，我是南加大的學生。我……是否……可以在你去取車的同時，很快地問你一個問題？」

他停下腳步，頭往後轉了過來，眉毛上移，越過了金屬鏡框。他把手往上一抬。然後給了我一個擁抱。

「我在大學校園待了好幾個小時，但你卻是我今天一整天看到的第一個學生！我很樂意聽聽你的問題。」

他的親切融化了我心中的「糗糗」，他一邊走向泊車處，我一邊告訴他我的這個任務。我幾乎像是無意識般地吐出這些字句。這才不是什麼電梯行銷，至少我是這麼認為的。

「我知道我們才剛認識，史匹柏先生，但是……」那塊東西又回到我喉嚨裡了，「你是否……你是否願意接受我的訪問？」

他再次停下腳步，然後慢慢地轉向我。他的雙唇緊閉，眼皮抽動了一下，像是一道沉重的鐵門。

「通常我會說不，」他開口，「除非是為了我的基金會或為了宣傳電影，不然我一般是不接受訪問的。」

但就在此時，他的目光柔和了下來，「雖然一般來說我會拒絕……但不知道為什麼，我想給你一個『可能可以』的答覆。」

他暫停了一下，朝天空看，眨巴著眼，雖然太陽一點都不大。我永遠都無法得知他到底在想些什麼，但最後，他低下頭來，然後和我四目相接。

「想辦法完成你的計畫，」他說道，「去搞定其他的訪問，之後再來找我，我們到時再看看可以怎麼辦。」

我們又聊了一分鐘，然後他就和我告別，朝著他的車走去。突然，史匹柏又再一次轉身過來面對著我。

「你知道，」他說，直直地看著我的雙眼，「你有某種特質，我知道你一定可以完成這個任務。我相信你，我相信你做得到！」

他叫了助理過來，要他記下我的聯絡資料。然後，史匹柏坐進車裡，駛離了現場。他的助理跟我要名片，我把手探進褲子後口袋，拿出我在儲物櫃製作、切割出的名片。接著，短短一個字劃破了空氣。

「不！」

原來是影劇學院院長，她的手臂擋在我們中間，搶走我手上的名片。

「這是怎麼一回事？」她問道。

我希望我能很鎮靜地回答說：「喔，史匹柏先生請他的助理留下我的資料。」但我卻只能呆站在那。我瞥向史匹柏的助理，希望他可以幫著解釋，但院長看到我在瞄他，就示意要他立刻離開，以致於他沒有拿到我的名片、我的電話，甚至連姓名都沒有就離開了。

「你應該要有點概念，」她怒火中燒，目光直直射入我的骨頭，「我們這裡不幹這些事的！」

她問我是否是影劇學院的學生，聲音中的怒氣幾乎要把我推倒在地上。我吞吞吐吐地回答，即便在自己耳中聽起來，也都很像在承認有罪。

「我告訴過你們，」她繼續發飆，「我明明開學第一天就告訴你們，我們絕對不容許這類行徑！」

我忙不迭地道歉，雖然根本不知道自己為什麼要道歉，但在那當下我只想躲避她的怒氣，所以只要能讓她息怒，要我說什麼都行。院長仍舊不停地飆罵，直到我的眼睛湧出淚水。雖然她個兒不高，頂多一百五十公分出頭，但我卻覺得她像座高聳的高塔。一分鐘後，她就如暴風般席捲而去。

在我可以移動之前，院長又大步朝我走回來。

她再次狠狠盯著我看：「我們這裡是有規矩的。」然後舉起手，示意我滾蛋。

提摩西・費里斯：三十一封的情書攻勢贏得訪問

隔天早上醒來後，院長的聲音彷彿都還在耳邊迴盪。到了晚上，我還是無法甩開壞心情。於是乎，我拖著身體來到儲物櫃，掃描著書架，想找些靈感。

一本橘色書皮的書，是提摩西・費里斯的《一週工作4小時：擺脫朝九晚五的窮忙生活，晉身「新富族」！》（*The 4-Hour Workweek*）跳出來映入眼簾，這本書是布蘭登給我的。我抓起它，攤平在地上。我翻開第一頁，感覺就好像提摩西正在對我說話。他寫的每字每句都把我吸了進去，接下來一個小時，除了伸手去拿筆為我喜愛的部分作記號之外，我的頭連抬也沒有抬。

開場的場景是描述費里斯在世界探戈錦標賽競賽的情景。下一頁呢，則是費里斯在歐洲參加摩托車賽車、在泰國比泰拳，還有在巴拿馬某個私人小島深潛。繼續再讀兩頁，我讀到一行幾乎讓我大叫出「好耶」的文字：「你之所以會拿起這本書，很可能是因為你不想安於坐在辦公桌後，一路到六十二歲的這種生活。」

第二章的章名是〈改變規則的規則〉。

第三章的內容則和克服恐懼有關。

第四章的某段內容實在太有威力了，以至於我覺得就好像費里斯拿了一把木棒，狠狠地敲擊我這個「我人生究竟要幹嘛」人生危機一棒。

「你想要什麼？」這問題太模糊，無法得到具有意義、能夠追求的答案。別問這個問題。「你的目標是什麼？」同樣讓人困惑不清。要重新措辭，我們必須退開幾步，看看事情的全貌……

快樂的相反是什麼？悲傷嗎？不是，就像愛與恨是一體的兩面，幸福與悲傷也是如此。愛的反面是漠然，而快樂的反面則是，這才是關鍵：無聊。

興奮是比較實用的快樂同義詞，而這正是你該努力追求的，這是萬靈丹。如果有人建議你跟著「熱情」或「感覺」走，我想他們說的其實是相同的單一概念：興奮。

這段話的三頁後，有一段標題為「如何讓老布希或谷歌執行長接你的電話」的文字。

感謝老天！

我連上費里斯的網站，發現他又寫了第二本書。我立刻下單。

若說《一週工作4小時》教人如何搞定職涯生活，那麼《身體調校聖經》（*The 4-Hour Body*）就是教人該怎麼搞定健康。我隨便亂翻，翻到「低醣減脂法：如何在三十天內不運動就減輕九公斤」這一章。這聽起來活像某個蛇油推銷員的廣告詞，但費里斯把自己當成小白鼠，親身驗證這個方法的效果。那我又有什麼好損失的呢？答案是損失很多體重。我按照他的指示，在一個夏天裡就減去了十八公斤。掰囉！胖子班揚！我家人都非常驚訝，之後也一窩蜂地俱上費里斯這顆大西瓜。我爸減了九公斤、我媽二十二公斤、我表弟二十七公斤。

在網路上追蹤費里斯、閱讀他部落格上每篇文章、點讚每則推特的人有幾百萬個，而我們也只是其中幾個人罷了。網路改變了這個世界，而新的世界需要新的教師。費里斯就是這個老師。

現在，他的名字暫居我名單裡的最高位置，《一週工作4小時》恰好提供我一些線索，讓我知道該怎麼聯繫到他。

第二次讀這本書時，我在致謝詞頁面發現某個第一次閱讀時未曾注意到的地方。作者版稅的一〇％將捐贈教育性的非營利組織，包括 DonorsChoose.org

等等……DonorsChoose……

我也有我的內應。

我大一時曾在某個商業會議上當義工，就是那個讓我拿到謝家華的書的研討會，那時，我看見一個拄著拐杖，一跛一跛的與會者，我上前詢問他是否需要協助。

「不，不，我沒事。」他回答。他告訴我他叫做凱撒，是 DonorsChoose 的營運長。

接下來幾天研討會，我們倆常撞見彼此，從那之後，也一直保持著聯絡。

凱撒向我解釋，DonorsChoose.org 是一個平臺網站，任何人都可以捐款給正在開放募集的教育專案。潛在捐款者可以瀏覽這些來自全國各地的募款需求，底特律幼稚園的小朋友需要故事書、聖路易的高中學生需要顯微鏡等等。你可以選擇捐助任何你有共鳴的計畫案，金額不限，隨你高興，可以很多或一點點。

在谷歌上搜尋了一番後，我得知，費里斯和 DonorsChoose 的執行長是同一所高中的摔角隊隊友。費里斯甚至還擔任這個非營利組織的諮詢董事。

我寫了信給凱撒，邀他一起吃午餐。午餐時，我詢問他是否可以幫我聯繫費里斯。凱撒說，他確定執行長一定可以幫忙傳達我的訪問邀請。

「就當這事已經成了吧！」他這麼告訴我。

一週後，凱撒寫了信給我，告訴我他老闆已轉達了我的請求給費里斯了。不只這樣，凱撒還寄給我一整疊 DonorsChoose 的儲值卡，好讓我可以用來當做訪問的謝禮，致贈給受訪者。每張儲值卡的面額都是一百美元，由某一位大金主買單，脫口秀主持人柯貝爾（Stephen Colbert）在他的節目上也是送和這一模一樣的卡給每位來賓。

夏日一天天過去，儲值卡到是到了，但費里斯卻一直沒有回音。我找到費里斯助理的信箱地址，寄給她一封短信。但同樣也是音訊全無。所以我繼續跟進，再寄一封，還是一樣，什麼都沒有。

我不想再去煩凱撒，要他再幫我的忙。而且過沒多久後，我發現也不需要他幫忙了。

某天深夜，我正在清空收件匣時，一封電子報抓住了我的目光：

Evernote 大會：即刻報名——此次大會主講人包括暢銷書作者提摩西．費里斯和蓋伊．川崎（Guy Kawasaki），以及提供給開發者、使用者參與的工作坊場次。

活動將在舊金山舉辦。如果我可以見到費里斯，親自跟他說明這項計畫，那我肯定他一定會願意接受我的訪問。

我用參加《價格猜猜猜》贏來的錢訂了機票。因為我實在太興奮了，甚至還跑去 Nike 旗艦店買了一個深黑色旅行袋，以供這趟旅程使用。研討會當天早上，我整理好行李。小跑步出門時，順手從那疊 DonorsChoose 儲值卡的最上層抓起一張卡片，滑進口袋裡，就這樣起飛了。

書上說的「不屈不撓」真的很有用

舊金山的會議廳人山人海。就我觸目所及，少說有上百個穿著帽 T 的年輕人在找位子。我再看得更仔細一些，眼前這些人當中，有很多都在腋下夾了《一週工作 4 小時》這本書。隨著開始了解到現實狀況，我並不是這裡唯一一個想接近費里斯的人，我心裡也糾結了起來。

或許世界上九九％的人都沒聽過費里斯的名字，但我很肯定，對參加這個活動的每個人來說，費里斯可比歐普拉還大咖多了。

我不想錯過任何機會，所以沿著走道找到一個可以在演講結束後最靠近費里斯的座位。我看到最右邊，通往舞臺的那道階梯旁有個空位，我一坐下，燈馬上就暗了下來，活動要開始了，費里斯走上臺，但卻是從靠舞臺最左側的階梯。

我的眼睛再次瘋狂地掃描整個演講廳，我移動到最後頭，以便獲得最佳制高視野。然後，我瞄到了一間廁所，剛好就位在舞臺的左側。

我壓低身子，躡手躡腳往男士洗手間去，閃身進入其中一間。我蹲在馬桶旁邊，把耳朵貼在磁磚牆面上，聽著費里斯的演講，以知道什麼時候該現身。我一直蹲著，尿騷味不停刺激著我的鼻腔。五分鐘過去……十分鐘過去，終於，三十分鐘後，我聽到了鼓掌聲。

我衝向廁所門口，費里斯就在那兒，在我前方不到一公尺處，身旁沒有任何人。又來了，又在這最不是時候的時候，「糗糗」又讓我的嘴巴像是被鐵線綁住了一般。為了打破它的控制，我把手伸進口袋，挖到那張儲值卡，把它拿到費里斯臉前。

「喔！」他後退了一步說。他瞄了瞄這張卡：「讚喔！你怎麼知道DonorsChoose的？我是他們的顧問委員之一。」

嗯哼！還用得著你說嗎？

「糗糗」對我手下留情，讓我可以告訴費里斯我的「任務」內容。我說希望能訪問從比爾．蓋茲、女神卡卡、賴瑞金、提摩西．費里斯等人。

「很好笑。」當他聽到自己的名字時這麼說。

「我是認真的！」我伸手到另一個口袋裡，抽出我列印出來寄給他的那些電子郵件。「我一直寄信給你的助理，已經好幾個禮拜了。」

費里斯看著這些信，笑了出來，接下來幾分鐘，我們又繼續聊一陣子這個任務；最後，他捏捏我的肩膀，告訴我這任務聽起來很棒。他真是超友善的，還跟我說幾天之內會再回覆我。

但等到了家後，幾天變成了幾週，杳無音訊。

我不知道的是，其實費里斯早在一個月前就已經回覆過我的邀請了，他是這麼告訴DonorsChoose執行長的：「謝了，但還是不要好了。」我猜想，執行長大概是不忍心告訴我這個噩耗，所以我好幾年後才知道這件事。

我不斷地寫信給費里斯的助理，希望能得到一個答案。根據商業類書籍，不屈不撓是獲致成功的關鍵，所以，我一封信寫過一封，最後總共寫了三十一封信。言簡意賅的信件得不到答覆是吧，那我再來寫一封整整有九段的信好了。我還寫過這麼一封信，告訴費里斯的助理，接受我的訪問「會是提姆人生中最值回票價的一個小時」。我試著保持樂觀和感恩的態度，每封信件結尾都寫上「先謝謝您的協助」！但不論我怎麼斟酌字句，這些信件仍舊是有去無回。我最後終於收到費里斯最得力助手的回信，信中說他的老闆不會接受訪問，就算會，也不會是最近。

我不懂自己哪裡做錯了。費里斯明明捏了我的肩膀！我明明有內應啊！

如果我連提摩西·費里斯都訪問不到，那我他媽是要怎麼訪問到比爾·蓋茲？

我繼續寄信給費里斯的助理。然後某天，沒頭沒腦地，費里斯突然答應我了。他還不只是答應我而已，還要我隔天打電話給他訪問。我幾乎要跳起來大喊著：「不屈不撓！不屈不撓太管用啦！」

還要過好些日子，我才會發現費里斯答應我的真正原因。原來他打電話給DonorsChoose的執行長，問他我他媽的到底是何方神聖。還好，執行長告訴費里斯說，我或許還不是很圓融，但本意是好的，因為這樣費里斯才點頭答應。但我當時並不知道這些。這次的成功讓我完全深信不疑，不論碰到什麼問題，不屈不撓就是我的答案。

沒有信用時，可以借用別人的

過了還不到二十四個小時，我就和費里斯通上話了。我的筆記本裡寫滿問題，毫不意外地，第一個問題就和堅持有關。我在《一週工作4小時》裡看過一段簡短的文字描述，說費里斯大學畢業後的第一份工作，就是靠著不斷寫信給某間新創公司執行長，直到他獲得工作為止。我想了解完整的故事經過。

他告訴我：「這不是一、二、三，然後你就錄取了這麼簡單。」

大學四年級學期快結束時，費里斯就以該間新創公司為主題製作期末報告，因為該公司的執行長是這門課的客座講者，他想藉此和對方攀攀關係。然而，當他好不容易鼓起勇氣開口尋求一份工作時，卻吃了閉門羹。於是，費里斯寄了更多信給這個執行長。在被拒絕了十二次之後，費里斯決定，該是孤注一擲的時候了。他又寫了一封信給執行長，說自己下週「會到附近」，即使事實上他人在紐約，而執行長住舊金山，「如果能見上一面就太棒了」。執行長回了信：「好吧，我週二可以跟你見個面。」

費里斯獲得候補機位，一路飛去加州，提早抵達這間新創公司的辦公室。另一名高階管理人問他：「除非我們給你一份工作，要不然你會繼續這樣煩我們，對吧？」

「如果你非這麼說不可，那是當然囉！」費里斯回答。

他得到一份工作，當然，是業務職。

費里斯告訴我：「請注意到很重要的一點，我從不會表現得魯莽無禮，也不強人所難。我也不會一週寫個六封信給對方。」

他話鋒一轉，似乎像在暗示些什麼。不過我得很難為情地承認，我壓根沒聽出來。但我確實察覺到事情有些不太對勁，因為他的語調讓我的頭像是被打了一拳似地來回晃動。

「那你覺得兩者之間的界線在哪？」我問道。

「如果你發現對方覺得煩了的話，那你就得往後退一些。」刺拳！

「你得要有禮貌、態度恭敬，而且你要有能力分辨出這個狀況，如果你想寫信給像這樣的人物，那你得謙恭有禮才行。」刺拳！

「堅持到底和成為別人背上的芒刺，兩者間的差別其實很細微。」上鉤拳！

假如我比較有訪問人的經驗，就能挖得更深，找出費里斯試著想告訴我的東西。然而我卻只是逃到安全區，把頭低下看著筆記本，想趕快找到另一個話題。

「在成為知名作者前，你是怎麼獲得別人的信任？」

「這個嘛，去當一些『對』的機構的義工，是讓你找到有用的信任連結的簡單方法。」

他的語調變得比較輕快了，我也輕鬆了起來。他解釋說，當他還是基層員工時，常會到矽谷創投企業家協會（SVASE，Silicon Valley Association of Startup Entrepreneurs）當義工。他會負責籌辦許多活動，這讓他有正當、可信的理由可以寫信給成功人士。他不需要說：「嗨，我是提摩西．費里斯，最近才剛從大學畢業，」而是可以這麼說：「我是提摩西．費里斯，矽谷創投企業家協會的活動企劃。」這兩個頭銜的力道可是天差地遠。

「第二步，則是為知名出版品寫文章，或讓自己被報導，」他繼續說，「比如說簡略地和某人進行問答，訪問他們，然後把他們的回應張貼在網路上。」

換句話說，費里斯不是憑空變出信賴感，而是藉著和某個知名組織、刊物「攀關係」，借用對方的可信度。這名詞「借來的可信度」，就這樣在我腦中揮之不去。

他繼續說，寫作《一週工作4小時》時，他尚未有任何出版相關經歷，所以他四處寫電子郵件給不認識的作者，詢求他們的建議。他說效果很不錯，於是我問他寫這類陌生郵件的訣竅是什麼。

費里斯說：「當我寫給大忙人時，通常我會這麼寫……」

親愛的某某人：

我知道您很忙，也一定有很多信要看，所以這封信只需花六十秒就能讀完。

（這段是你的自我介紹，同時，加上一至二行能建立起可信度的描述）。

（這段讓你問你想問的問題）。

如果您真的忙到無法回信，我完全能明白，但假如您能回個一、兩行給我，都能讓我快樂得飛上天！

祝好，

提姆

費里斯給我的建議，恰好是我求之不得的建議。他說，絕不要寫信給人，然後提出想和對方「用電話聊聊」、「一起喝個咖啡」或「吸取寶貴經驗」的請求。

「在電子信件中問你想問的問題，可能簡單如『我想和你談談以這種或那種形式表現的某某關係，你是否願意和我聊聊？我想用電話是最快的，但如果你不方便，我也可以用信件丟兩個問題過來。』」

「絕對別使用『這非常適合你』或『你一定會愛上這個的，因為我了解和你有關的這件、那件事』。也別使用過度或誇大的詞語，」同時，他發出一個近乎戲謔的笑聲，「因為他們不認識你，所以很自然會覺得你憑什麼說哪些事對自己最合適。老實說會這麼想的確很正常。」

「然後，我也不會用『先謝過了！』這類句子作結尾，這聽起來很惱人而且自以為是。相反地，你可以說，『我知道你超級忙，所以如果無法得到回覆，我也完全可以理解。』」

「當然啦，你也得留意自己寄信的頻率。別一下寄一堆，」他重重嘆了一口氣，「這麼做絕不會讓人開心的。」

我那時的自覺還不夠，聽不出費里斯試著在救我，讓我不要又搬石頭砸自己的腳。一年多後當我翻閱過往信件，看到自己之前寄給費里斯助理的信時，我才終於明白以前的自己有多蠢。

「好啦，小兄弟，」費里斯說，我們的談話差不多接近尾聲，「我得走了。」他和我道別，掛斷了電話。

一部分的我希望能回到那段時間，把還是青少年的自己搖醒，為他解釋到底發生了什麼事。假如當時的我就學到這門功課，那麼後來當我在奧馬哈遇到華倫．巴菲特時，事情就會發展得很不一樣了。

陸奇：他有把時間變長的魔法

史蒂夫．賈伯斯（Steve Jobs）曾說過：「你無法預先把現在所有的經歷串聯起來，只有回顧過往時，你才看得出來這些經歷是如何串連在一起的。所以你必須相信，眼前發生的點點滴滴，將來都會以某種方式彼此相聯。」

這段話用在我和凱撒相識的那場商業會議上，可說是再貼切不過了。會議期間的某晚，在這間充斥高階主管的房間裡，不過是個學生義工的我感到渾身不自在，就在這時，主講者之一的史特凡．韋茲（Stefan Weitz）為了想讓我自在些，就過來跟我打招呼。他是微軟的部門主管，我們稍微聊了一下。暑假一開始，我就寫信給他，告訴他這項任務，後來我們約時間見面吃午餐，他很堅持要我把某個人也放進名單裡。

「陸奇。」

可是我從沒聽過這人。雖然我很感謝史特凡的幫忙，但我想我大概解釋得不夠清楚。

「我想訪問的人是，呃，是我和朋友想效法、學習的對象，是那種大家都知道的人……」

史特凡說：「相信我，」一邊把手舉起，「你絕對會想認識陸奇的。」

他安排好訪問時間，於是，我就這樣在暑假最後一週來到西雅圖微軟大樓的頂樓。那天是禮拜六，所有走廊空無一人。每張辦公桌都像被遺棄一樣，除了某一間辦公室之外，其他每間辦公室的燈都暗著。走廊盡頭的玻璃門後方的人影站起身來，移動到門邊。陸奇打開門，欠身讓我進門。他身材細瘦，大約四十多歲，T恤下襬塞在已褪色的牛仔褲裡，穿著白襪的腳配上一雙涼鞋。他用雙手握住我的手，要我把這當自己家。他沒有走回辦公桌後坐下，而是拉了張椅子，和我並肩坐著。他的辦公室幾乎沒什麼裝潢可言，牆上沒有掛上藝術作品，也沒有裱了框的得獎獎狀之類的。還真神奇啊！

陸奇在中國上海市郊的鄉村長大，村裡沒有自來水也沒有電力，村民非常窮困，有許多人因為營養不良而畸形。在他那個時代，村裡有幾百個孩童，然而只有一個學校老師。二十七歲的時候，陸奇的薪水對他來說，已是前所未有的多，但那也不過是一個月七美元。快轉個二十年，現在的他，是微軟線上服務總裁。

用時間創造運氣

真是太難以置信了，我不停搖著頭，幾乎無法想到任何一個前後連貫的問題，所以只能兩手一攤問道：「你是怎麼辦到的？」

陸奇謙虛地微笑說，他小時候一直都想當造船工人；但是，因為身材過於瘦小，無法達到體重標準，逼得他只能轉而專注於課業。後來他考取上海頂尖大學之一的復旦大學，主修電機。在復旦大學就讀的這段時間，他領悟到某件從此改變他人生的事。

他開始思考關於時間，特別是他浪費多少時間在睡覺這件事。當時他一天睡八小時，然而他發現，人生中有一件事永遠無法改變，不管你是稻農或是美國總統，一天都只有二十四小時。陸奇說：「從某方面來說，或許你可以說上帝對每個人都是公平的。然而問題是，你有沒有盡己所能，妥善地運用上帝賜給你的這份禮物？」

他閱讀歷史中的名人故事，觀察他們如何調整睡眠模式，然後開始著手設計自己的系統。一開始，他一天減少一小時的睡眠時間，然後是兩小時、三小時，中間一度一天只睡一個小時。他用非常冰冷的水淋浴，逼自己保持清醒，但無法持續下去。最後他發現，讓身體能夠維持正常運作的最低限度睡眠時數，是一天四小時。從那天開始直到今日，他從未再賴床過。

堅持不懈是他的祕訣之一。

「這就像在開車，」陸奇說，「如果你一直固定用一百公里的速度開，那麼車子幾乎不會有什麼磨耗或損壞；但是，如果你常一下加速，一下又猛踩煞車，那麼引擎就很容易磨損。」

陸奇每天都凌晨四點起床，慢跑個八公里，六點就抵達辦公室。他一整天不斷攝食預先裝在保鮮盒裡的小分量食物，內容物多是蔬菜和水果。他一天工作十八小時，一週工作六天。史特凡告訴過我，微軟內部流傳著這麼一個說法，說陸奇工作的速度是其他人的兩倍快。他們說那叫做「陸奇時間」。

「陸奇時間」看起來似乎是種狂熱、甚至可說是不健康的生活型態；但是，當我用陸奇成長環境的角度來看時，就發現與其說這是場詭異的實驗，倒不如說是他生存的方式。想想看，中國有這麼多優秀的大學生，陸奇要怎樣才能找到贏過別人的切入點？如果你可以把睡眠時間從八小時砍到剩四小時，然後把節省下來的時間乘以三百六十五天，等於一年多出了一千四百六十個小時，也就是，一年多了兩個月的產能。

二十多歲那段時間，陸奇利用他創造出來的這些時間做研究、寫論文、讀更多書，朝他最大的夢想，到美國唸書前進。

他說：「在中國，如果你想去美國，那得先通過兩種考試。考試的費用是六十元人民幣，而當時我的月薪，沒記錯的話，應該是七塊錢人民幣。」

也就是說，要參加初試，就要花超過八個月的薪水。

陸奇並沒有因此失去希望，而他一切的努力在某個週日夜晚獲得了回報。通常他會在禮拜日騎腳踏車回村裡看看家人，但那個週末雨下得很大，騎回村裡要花上好幾個小時，所以他決定不回家待在宿舍。那天晚上，有個朋友來請他幫忙。原來，當晚有個從卡內基美隆大學來的教授要以模型驗證（Model Checking）為主題授課，但由於雨勢太大，出席率非常低。陸奇答應朋友幫忙找人填滿位子，課堂中，他也提出一些問題。課堂結束後，教授對陸奇提出的某些觀點大為讚賞，詢問他是否有針對這些觀點進行過研究。

陸奇可不只是做過一些研究，他可是發表了五篇論文呢！這就是「陸奇時間」的威力！這些時間讓他成為整間教室裡準備得最充分的那個人。

教授說想看看這些論文，於是陸奇狂奔回宿舍拿。教授仔細翻看了論文後，問他是否想到美國唸書。陸奇向教授解釋了自己的財務狀況，然而教授說他不需要去考那個要花六十元的資格考試。於是，陸奇提出申請。一個月後，他收到一封信，信上說卡內基美隆大學將給予陸奇全額獎學金。

每次讀到比爾．蓋茲、華倫．巴菲特或其他快速成名者的成功過程，我總思索著他們的成功有多少是來自看似奇蹟的巧合。如果禮拜天晚上沒有下大雨，陸奇就會回家和家人團聚，也就不會遇到這位教授，那麼這一切就都不會發生了。也剛好，陸奇發表過那五篇論文，但這可和巧合一點關係都沒有。我詢問陸奇對運氣的看法，他說，他相信運氣並不是全然隨機出現的：「運氣就像是公車，錯過了一班，還會有下一班。但如果沒有準備好，那麼你就無法跳上車。」

信念會讓一個人不一樣

陸奇從卡內基美隆大學畢業後兩年，一個朋友邀他一起吃午餐。不過，餐桌旁還有個陸奇不認識的人。這個新朋友問他之前做些什麼，陸奇說自己在 IBM 上班，負責研究電子商務平臺。

原來朋友的朋友在雅虎工作，當時雅虎以其強大的目錄網站（Web Directory）而廣為人知。他請陸奇禮拜一時到他的辦公室一趟，陸奇答應了。週一當他抵達雅虎總部時，躺在桌上等著他的，是一份聘書。

當時雅虎有項發展電子商務平臺的祕密計畫，也一直在找人建構系統。陸奇加入雅虎後便接手這項計畫，把幾乎每秒鐘的時間都用來編寫程式碼。他減少了更多的睡眠時間，持續了足足三個月，一天只睡大概二或三小時，工作到最後，甚至還讓他罹患了腕隧道症候群，不得不戴上護具。不過，陸奇還是覺得這一切都值回票價，因為最後他創造出現在人盡皆知的雅虎購物網。

接下來，陸奇又被升任為公司下一個大型計畫，雅虎搜尋的主責人。雅虎搜尋後來也是一大成功，但他並未因此慢下腳步。除了接下更多工程專案之外，陸奇週末時也都窩在圖書館裡，閱讀一堆和領導、管理相關的書籍。

我這才明白，「陸奇時間」並不只是少睡一點而已，而是和犧牲有關，**為了長遠的收穫犧牲短暫的享受**。待在雅虎僅僅八年時間，陸奇就成了資深副總裁，麾下有超過三千名工程師。

在雅虎待了快十年之際，陸奇決定十年差不多是個終於可以停下來休息的好時機。在雅虎上班的最後一週，他的員工在為他舉辦的離職派對上送給他一件T恤，上頭寫著：

「我是陸奇的同事，你呢？」

在這之後，陸奇曾考慮和家人一起回到中國，然而就在此時，他接到一通來自微軟執行長史蒂夫・鮑默（Steve Ballmer）的電話。原來微軟也想建構自己的一套搜尋引擎。於是，兩人見了面，陸奇決定不回中國，而是接受鮑默的工作邀請，成為微軟線上服務部門的總經理。

聽著陸奇說著他是怎樣徹夜工作，創造出搜尋引擎必應（Bing），我的胃裡突然出現一股奇怪的感受。我的思緒開始游移，突然，一個久遠的記憶閃進腦袋裡。

還記得那時我才五歲。某天半夜我做了個惡夢，於是爬下床，想去找爸媽。我沿著漆黑的走廊，看見一道藍光從他們房門底下透了出來。我把頭探進房裡，看到我媽坐在她那張小小的桌子前，在電腦上打著字。夜復一夜，我都會爬下床，查探在全家人熟睡之際還在繼續工作的媽媽。後來我才知道，爸爸那時才剛為他的二手車生意提出破產申請，也就是說，媽媽得負擔起全家的家計。或許，對我媽來說，她做得這些犧牲和陸奇其實很相似。

我一邊聽陸奇說話，一邊才真正明白當我說不念預醫科時，媽媽會潸然淚下的原因。對她來說，我背棄了她辛苦奮鬥的種種理由。想到自己如此忘恩負義，這股愧疚感開始讓我難受到局促不安。然而，陸奇這時卻將我們的談話帶到一個我未曾料想過的地方。

「喔對了，」他說，「謝謝你做這件事。某方面來說，你決定要執行這項任務的理由，和驅策我的東西相當類似。每天的每一刻，我都想幫助人，讓他們能獲取更多知識、完成更多事和成為更不一樣的人。我想，從很多方面來看，你正在做的事都是這個信念的最佳例證。」

而且，他也承諾在力所能及的範圍內協助我。我從皮夾裡拉出那疊寫著我想採訪的對象的索引卡，遞給了他。陸奇慢慢地瀏覽這些名字，一邊點著頭。

「這些人裡面，唯一一個和我有私交的，」他開口道，「是比爾．蓋茲。」

「你……你……覺得他會有興趣嗎？」

「會啊！一定要讓你有機會和他聊聊。我會跟他說你要寫這本書的事。」

「或許我可以寫封電子郵件給他？」

陸奇給了我一個微笑說：「我很樂意為你轉寄。」

舒格・雷：別讓任何人奪走你的夢想

「哇你咧！比爾・蓋茲耶！」柯溫大喊著。

他把視線上移，以茲對這個新聞表達敬意。布蘭登、萊恩和我也跟著一起提起眼鏡，還把彼此的眼鏡碰在一塊兒。

我的大二生活不可能有比這更好的開頭了。一整晚，我們就像這樣在餐廳不斷地慶祝。我實在太開心了，以致於在走去上課的途中，得很努力才能克制住跳舞的衝動。就連上課都比以前享受得多了。幾天後，在前往圖書館途中，我的手機收到了一封來自陸奇助理的信。

嗨！艾力克斯，

我已經和比爾的辦公室聯絡了，不過很不幸地，他們無法配合這個要求……

我把這個訊息再讀了一次，但大腦拒絕接受它。我撥了電話給我在微軟的內應史特凡。他解釋說，拒絕我的人可能不是比爾・蓋茲本人，而是他的幕僚長，基本上大部分這類事情都是由他決定。

「那你有辦法讓我和幕僚長見個面嗎？我只需要五分鐘，只要讓我能跟他聊聊就好了。」

史特凡告訴我耐心等待，他會看看能做些什麼。

但我無法耐心等候。當晚，我決定把所有的挫折都轉化為「陸奇時間」。陸奇也不是一生下來就過著陸奇時間的，他是自願選擇這麼做。現在呢，我也要做這個決定。從那天開始，每天早上我都準時六點跳下床，然後一屁股坐在桌前，開始寫電子信件給我名單上的那些陌生人，詢問是否能採訪他們。所有寄出去的信都被打了回票，於是，我開始換成去詢問那些原本不在我清單上的人。我每天起得更早，也工作得更拚命了，但這也只是讓我被拒絕的速度快了兩倍而已。不，不，不，不，不，不，不。

有些拒絕比其他的更難受，比如說，來自沃夫崗．帕克（Wolfgang Puck）的拒絕。我在推特上答對了一個問題，獲得一張洛杉磯美食節的入場券，我就是在那接觸到這位聲譽卓著的名廚。當我請他接受訪問時，他是這麼說的：「我很願意！來我的餐廳一趟，我們可以在午餐時間進行！」他給了我一個擁抱，彷彿我是他的老友。隔天，我寫信給他的代理人，一副她也是我老友的樣子。

哈囉，某某某，

我的名字是艾力克斯，我目前就讀南加大。昨晚我在洛杉磯美食節和沃夫崗聊了一下，他請我和妳聯絡，好確認訪問的時間。他說如果我能到「餐廳」

一趟，一起吃個午餐的話，會是最理想的（但老實說，我不確定他是指哪間餐廳，哈哈）。

她沒有回信。所以，我後續又發了一封、兩封，甚至四封信給她。很顯然，我並沒有從和費里斯交手的經驗中學到功課。帕克的代理人在一個月後回覆了我的信件。

嘿，艾力克斯，

是的，我們確實有收到你的信件，不過，嘿，我一直在思考要怎麼回覆你比較恰當。所以，嘿，我相信你會把這當成是建設性的建議，因為我得告訴你，當你聯絡的對象是世界上的成功人士時，我會建議你不要這麼開頭：嘿！賴瑞．金，或是，嘿！喬治．盧卡斯。一般來說，洽詢這類事務時，一般會使用「敬愛的金先生」或「親愛的盧卡斯先生」開頭，以示尊敬。

但是，嘿，我好像離題了……

我在沃夫崗出發去紐約前和他談過這件事，雖然這聽起來很有趣，但不幸的是，他從現在到年底的行程都很滿，因為他最近才在倫敦新開了 CUT 餐廳，同時在洛杉磯貝萊爾飯店也有開幕活動，所以他沒時間接受訪問。沃夫崗要我代表他回信給你，希望你知道他很抱歉，但他恐難配合……

秋天的日子繼續過著，我卻覺得越來越無精打采，每次的被拒絕都是對自我價值的打擊。每天早上早早起床，只為了被拒絕？那感覺就好像我躺在路上，讓卡車輾過我的身體，然後倒車，再多輾個幾次。但也就在此時，出現了一個沒讓我橫死路邊的人，我為此感謝上帝，因為他可能拯救了這整個任務。

比渴望、願望、夢想更多的是什麼？

舒格．雷．倫納德（Sugar Ray Leonard）曾奪得六座世界拳擊冠軍，他有一口燦爛的微笑，還曾拍過七喜、任天堂廣告。如果你夠懂拳擊，你就會知道他是個敏捷、出拳快速的藝術家，在一九七六年的奧運會上，還創造出一股席捲全世界的熱潮。

在參加了他的簽書會並且被保鑣推到一旁後，我決定使用費里斯的陌生信件模版聯繫負責舒格．雷公關事務的人。我們見了面，後來她成了我的內應。我寫了一封信給舒格．雷，信中說我十九歲，讀了他的自傳後，我發現他的建議正是我這個世代的年輕人需要的。我的內應把這封信轉給舒格．雷，他讀完後便立即邀請我到他家去。

他穿著一套田徑服在門口迎接我，還帶我參觀他家裡的健身房。我一踏進他家，就覺得自己好像進入電影《阿拉丁》裡的寶藏洞穴，只不過，牆上流瀉而下的黃金並不是那些埋藏的寶藏，而是一塊塊的金牌和炫耀奪目的獎章，上頭還刻著「世界冠軍」字眼。天花板上掛著沙包，啞鈴和跑步機圍繞著位於正中央的蓬鬆柔軟沙發。這些來自金晃晃獎牌和獎章的閃爍光芒很符合舒格·雷的形象。然而我們坐下開始聊起天後，我很快就發覺自己對這些金光閃爍背後所埋藏的故事，根本一無所知。

舒格·雷說，他出生於馬里蘭州帕爾默公園附近的一個九口之家。家中的經濟狀況可說是捉襟見肘，某一年的聖誕節，聖誕樹下放的唯一一個禮物，還是雷的父親從工作的超市儲藏室裡偷來的蘋果和橘子。雷的父親在海軍服役時曾打過拳擊，所以雷七歲時也決定要試試看打拳。

他爬進帕爾默公園外「二號男孩俱樂部」的擂臺，要不了幾秒鐘時間，臉上就被打了一拳。鮮血從鼻子汨汨流出，而他繞著擂臺移動時，一雙腿也痛得要命。那天他敗戰而歸，帶著嗡嗡作響的腦袋瓜，回到有漫畫等著的家。

六年後，他哥哥力勸他再給拳擊一次機會。雷回到拳館，然後又被狠狠教訓了一頓。不過，這次，他決定堅持下去。比起其他男孩，他年紀比較小，又比較矮，比較瘦，經驗也顯然不足，所以他知道自己需要找到優勢所在。

某個早上，他穿好上學的衣服，和弟妹們一起走去公車站。黃色校車停靠到街邊，其他的小孩魚貫上車，但雷卻沒有上車。他把背包丟到校車上，繫緊鞋帶，校車開走時，他就在後頭追著跑，就這樣一路跑到學校。那天下午，他又跟在校車後頭跑回家。隔天，他也依樣畫葫蘆；後天也如此。不論天氣炎熱、下雨或下雪，有時天氣冷到臉上都結了霜，他都這麼跑下去。日復一日，他就這樣追著校車。

舒格．雷說：「我沒有經驗，但我有決心、紀律和渴望。」

他才剛說完最後一個字，看著我的眼神突然一變，問是什麼驅策我追逐這個夢想。我們談論了這項任務，舒格．雷讓我覺得很自在，於是我向他坦承，試著搞定這些訪問讓我多麼地挫敗。雷用幾乎看不出來的幅度微微搖著頭，微笑著，好似他明白些什麼我不懂的事。然後，他告訴我一個故事。那是他拳擊生涯中最盛大的一場戰役，而其中的道理恰恰正是我需要知道的。

進入職業拳壇五年後，舒格．雷踏上擂臺，和湯馬斯．赫爾斯（Thomas Hearns，綽號殺手）一別苗頭。赫爾斯不僅從未嘗過敗績，而且幾乎每場比賽都以擊倒對手分出勝負。他最著名的就是攻擊距離很長的左刺拳，能把對手的頭部打得往後彈起，並且為隨之而來，真正可怕，似乎像從天外飛來的致命右拳鋪路。

數以萬計的觀眾湧入凱撒宮，更有百萬名電視觀眾為此購買了計次付費的轉播。這場比賽的廣告詞是「世紀對決」，贏家能成為真真正正的世界輕中量級冠軍。

比賽開始的鈴聲響起後，殺手的長距離刺拳就瞄準了雷的左眼。一拳、一拳、又一拳，到後來，雷的眼皮已經變得又青又紫，腫到無法睜開。舒格．雷試著在中間幾個回合重整旗鼓，但到了第十二回合時，他的比分還是落後。舒格．雷精疲力竭前傾著坐在擂臺角落的椅凳上，左眼皮顫動著。他試著把眼睛完全睜開，但卻無法，這也使得他左眼的視野只剩下一半。

他能獲勝的唯一方法，就是越過殺手右拳的攻擊區。這已經夠瘋狂了，在左眼無法完全看得清楚的情況下，這無異是自殺。舒格．雷的助手蹲在他前面，直勾勾地看著他。

「你要輸掉這場比賽了，小子，你要輸掉了。」

這些話點燃了雷體內某種強烈的感受，漸漸蔓延到全身。三十年後，當我們坐在他家沙發上時，他讓這些話彷彿活了過來。

「**你的心裡充滿鬥志，你不停戰鬥、不停戰鬥、不停戰鬥，但你的腦袋卻在說，老兄，算了啦，我不需要這些。這表示你的頭腦跟你的心沒有連在一起，他們必須要在同一陣線上才行。**每件事都得彼此連結在一起，你才能達到這個境界：巔峰。

「你或許有渴望、願望、夢想，但你需要的遠比這還多，要想到會痛才行。大部分的人都沒達到這種境界，他們從沒挖掘到我稱為『潛藏水庫』的東西，那是你裡頭隱藏的力量。我們每個人都有。不是有媽媽能抬起壓在孩子身上的車嗎？就是這股力量。」

第十三回合的鐘聲響起，舒格．雷從他的角落中衝出來，彷彿血管中的血液都變成了濃縮、純正的腎上腺素。他連續揮出二十五拳，殺手陷在邊繩上，倒地，然後又跌跌撞撞地站起身。雷追著他跑，殺手又再次腳步踉蹌地往後退，這次，鈴聲救了他。下一回合開始，雷又再次全力進攻，用如雨點般，瞄準頭部的拳頭追擊著赫爾斯。殺手舉步維艱，靠在邊繩上。裁判介入，中止了比賽。雷毫無異議地成為了世界冠軍。

這個故事還在空中迴盪，舒格・雷從沙發上站起身，朝門口走去，示意我跟著他。

「我想給你看一個東西。」我們走進燈光昏暗的一道走廊。他要我在此稍等，然後就消失在轉角。一分鐘後他回來了，手中拿著他的世界冠軍腰帶。腰帶邊緣閃現出柔和的光芒。雷走過來，把腰帶繞上我的腰。

他向後退，給我一些時間沉浸在這個感受裡。

「有幾次人們告訴你『你不可能採訪到這些人』？他們說『想都別想』說了幾次？不要讓任何人告訴你，你的夢想不可能實現。**如果你有個遠大的目標，那你就得撐住。你要不停戰鬥，會碰上困難，也會遭受拒絕；但你得不斷嘗試、不斷奮戰。你必須要使用你的潛藏水庫。這不是件容易的事，但是可以辦得到的。**

「當我在信裡面看到你說你十九歲時，我就想起了在和你一樣大時的感受。那時的我很有幹勁、充滿渴望，非常飢渴。我很想要奪得金牌，勝過任何一切。當我看著你時……」他停了下來，走向我，用手指著我的臉，「不要讓任何人把它奪走。」

掃 QR code 可見
我與舒格・雷的合照

Step 3

找到內應

艾略特·畢斯諾：是夢幻導師？還是騙子？

舒格·雷告訴我的這一席話可說是件好事，因為接下來的整個秋天，我都不斷地遭受打擊。假期以我不喜歡的速度迅速飛逝，現在已經來到了一月，也是春季學期開學的第一週。和我夢寐以求的訪問對象聯繫上的機會，現在看來很是渺茫。

某天中午，我站在一間便利商店的停車場，頭上有一整片厚重的灰色烏雲，手上拿著一支巧克力布朗尼冰淇淋甜筒。當生活不讓你好過時，至少總還有冰淇淋陪伴。口袋裡的手機震動了起來。看到顯示的地區碼是西雅圖，我眼睛隨之一亮。感覺烏雲立刻分開，一道白光照在我的身上。

「所以說，你想要訪問比爾，嗯？」

電話另一頭是比爾·蓋茲的幕僚長。我在微軟的內應史特凡為我促成這通電話。為了顧及幕僚長的隱私，我就不在這說出他的姓名了。

我忙不迭地開始告訴他這項任務，但他要我就此打住，因為史特凡和陸奇都告訴過他這件事了。

「我很喜歡你正在進行的這件事，」幕僚長說，「我喜歡你的出發點，也喜歡你是出於一顆想幫助他人的心，我很願意支持你，」聽他這麼說，讓我覺得自己好像已經完成了九九％的任務，「可是，問題在於，你目前完成的進度只有五％。我沒辦法把這樣的成果拿去給比爾看。你的動能還不夠。」

動能？

他繼續補充道，「聽著，你的書連出版商都還沒找到，我不可能拿這個去請比爾接受訪問。麥爾坎・葛拉威爾（Malcolm Gladwell）當初為了《異數：超凡與平凡的界線在哪裡？》這本書來採訪我們時，也是八字還沒一撇。所以，如果你可以完成更多訪問，並且獲得企鵝出版社[1]或藍燈書屋[2]的出版合約，那我們就可以坐下來談談該怎麼提交這個計畫給比爾。可是，在這一切成真以前，你需要獲得更多動能。」

他跟我說了再見後就掛上電話，留下滿頭霧水的我，和在腦袋裡不斷迴響的四個字：只有五％？接下來我只知道自己身處儲物櫃，頭埋在雙手裡，這幾個字仍舊在我腦袋瓜裡嗡嗡作響。

1 世界最著名的圖書出版商。
2 原為德國博德曼集團 Bertelsmann 下的出版商，在二〇一二年與企鵝出版社合併，為最大的出版集團。

按照這個速度，任務完成時我朋友也都已經坐在搖椅裡搖來晃去了。如果陸奇的舉薦只能讓我在靠近比爾．蓋茲的路途上前進五％，那我離華倫．巴菲特或比爾．柯林頓一定是負二○％了。學校的考試和功課也得繼續，這樣的話我……

等等，比爾．柯林頓……

我的腦中浮出一段模糊的記憶，就像是腦子裡某個地方癢癢的一樣。

暑假時，好像有人告訴過我柯林頓和理查．布蘭森（Richard Branson）在某艘郵輪還是什麼上面聊過天？我記得好像是某個年輕人籌畫這個活動的？

我伸手搆來筆電，以「比爾．柯林頓、理查．布蘭森、郵輪」為關鍵字搜尋，找到了一篇刊登在 FastCompany.com 上的文章。

二〇〇八年，名下有許多間公司的新興企業家艾略特．畢斯諾（Elliott Bisnow）開展了「峰會系列」（Summit Series），是「不像會議的會議」，功能類似於年輕企業家的互助會。這一切始於十九人參加的滑雪旅遊團，而去年五月舉辦時，參加人數已成長至七百五十人。「峰會系列」的活動內容性質是半社交、半 TED 演講大會、半極限運動，活動皆採邀請制，目前已成為社會創業家的聚集所在地。在發展過程中，「峰會系列」已為非營利組織籌措到一百五十萬美元的善款。「峰會系列」的活動參加者包括美國前總統比爾．柯林頓（Bill Clinton）、Yelp 聯合創始人羅素．西蒙斯（Russell Simmons）、Facebook 的首任總裁西恩．派克（Sean Parker）、NBA 達拉斯小牛隊的老闆馬克．庫班

（Mark Cuban）、CNN的創辦者泰德·透納（Ted Turner）、葛萊美得獎歌手約翰·傳奇（John Legend）等人。

我繼續讀下去，然後再多看一眼：艾略特·畢斯諾，「峰會系列」的執行長，讓這些領袖共聚一堂幕後的推手，當時的他才二十五歲。這怎麼可能？他年紀跟我表哥一樣大啊！

我鍵入「艾略特·畢斯諾」搜尋，上下滑動瀏覽著搜尋出的結果。一堆文章都提到了他的名字，但沒有任何一篇在講和他有關的事。他有一個刊登了上百篇文章的部落格，但文章內容幾乎都只有照片：艾略特在尼加拉瓜衝浪、在特拉維夫和超級名模共度美好時光、在西班牙參加奔牛節、在比利時環法自由車大賽現場、在白宮，身邊站著的是推特創辦人之一和薩波斯（Zappos）的執行長等等。另外還有其他一些照片：他在海地蓋教室、在牙買加為人作視力測驗、發送鞋子給墨西哥的小朋友。甚至還有一支他為健怡可樂拍攝的廣告。

從其中一篇文章中我得知，CNN的創辦人泰德·透納是他的偶像，他一直希望有朝一日能和他見面。接著，我就發現一張一年後艾略特和泰德兩人在聯合國握手的合照。其他照片還包括艾略特住在哥斯大黎加的海灘上和阿姆斯特丹的船屋裡。這些照片中，他都穿著T恤、牛仔褲，蓄著髒兮兮的鬍子，一頭棕髮非常濃密。我在《哈芬頓郵報》上找到一篇以〈科技業裡的派對男孩們〉為題的文章，艾略特名列第六。文章結語可說是把我整個釘在椅背上動彈不得：「畢斯諾最近的計畫：在猶他州買下一座要價四千萬美元的山」。

我不斷地用滑鼠點擊，連錯過了兩餐飯也毫無所覺。我找到一張在某人家客廳拍攝，他大笑著和柯林頓總統的合照；另一張是他頒給柯林頓某種獎項；第三張則是和柯林頓在某場峰會活動上合照。然而，網路上完全找不到任何能讓我知道艾略特到底是何方神聖的文字描述。我就好像在看電影《神鬼交鋒》裡那個主角的部落格一樣。

我搞不懂這傢伙，雖然同時我又能感受到一種深沉、近乎排山倒海而來、覺得自己和他很有共鳴的感受。艾略特的夢想是聚集世界頂尖的企業家，雖然我不知道他是怎麼辦到的，但他確實成功了。

蓋茲的幕僚長說我需要獲得更多動能。顯然艾略特知道該怎麼辦。我覺得他正是手中握有答案的那一個人。我低下頭，閉上眼，思索著，若說我現在最想要獲得什麼，那就是艾略特的指導。我抽出筆記，翻到全新的一頁，潦草地在頂端橫著寫下：「夢幻導師」。標題下的第一行，我寫下「艾略特．畢斯諾」幾個字。

每一個不可能都在測試你的心

一疊疊的功課和考試持續大量增生，因此，那週的每個晚上，我都只能往圖書館跑，試著活下來。但每一天，我的思緒總不停遊蕩，想像著和艾略特談話不知會是什麼感覺。某天中午，也就是會計期末考前三天，我再也按捺不住了。管他的，我來寫封信給他好了。又不是說要採訪他還是怎樣。反正我只有一個問題想問艾略特，這麼一來我才能有機會訪問到比爾．蓋茲。

我開始著手寫這封信。兩小時後，我還沒寫完，我想盡辦法塞進更多關於艾略特的事，這樣他才知道我有好好做功課，看完整整二十三頁的谷歌搜尋結果。我猜想，他一定是寫信給陌生人的高手，所以我一定得把這封信寫得盡善盡美才行。

寄件人：艾力克斯．班納揚

收件人：艾略特．畢斯諾

信件標題：畢斯諾先生，我真的很需要你的建議

嗨，畢斯諾先生：

我是艾力克斯，目前是南加大的二年級生。我知道這有點沒頭沒腦的，但我是你的大粉絲，我目前正在進行一項計畫，非常需要你提供一些建議。我知道你很忙，每天都會收到很多信，所以這封信只需要花你六十秒閱讀。

我目前十九歲，正在寫作一本書，希望這本書能改變我這個世代的年輕人。

這本書預計要訪問一些世界級的成功人士，聚焦於他們事業發展的早期，試圖找出他們是做了哪些事，才獲得了今日的成就。對於那些已參與在這項任務中的人，包括微軟總裁陸奇、作家提摩西．費里斯等人，我都充滿感激。我已下定決心，打算集合上個世代和新世代的偉大人物，整合前人智慧和務實建議，濃縮於本書中，藉此改變人們的生活。就如同你最愛說的：「要做就做大計畫」。:)

畢斯諾先生，身為正在追逐夢想的十九歲青年，我確實遭遇到一些困難，所以如果你能在這個議題上給我些指引，那一定會對我有莫大幫助。請問你是如何有效率地聚集這些傑出人士，讓他們一起為同一個目標努力？你很高明地在二〇〇八年策畫出第一次的滑雪團，之後的幾年，一年又做得又比一年更好。

我相信你真的很忙，但是否有這麼一絲可能我可以和你聯繫，從你那獲得一些指教，這對我來說可有著天大的意義。如果你願意，我可以用信件方式寄給你一些問題，或也可打電話給你聊個幾分鐘，或假如你的行程允許，我很樂意和你在咖啡店見個面……又或者，假如天下了紅雨，我們可以在世界知名的頂峰之家相見。:)

如果你因為太忙無法回信，我也完全能了解，但就算只回我一兩行話，我都會高與得飛上天的。

大膽夢想，

艾力克斯

接下來，我又花了三十分鐘在網路上搜尋他的電子信箱地址，但什麼都找不到。三小時後，我仍舊一無所獲。於是，我把我認為最有可能是他信箱的五個地址，全都鍵入收件人欄位。我向上帝還有費里斯的陌生郵件之神禱告，希望這麼做真的有用。

二十四小時後，我收到了艾略特的回覆：

信寫得不錯嘛！你明天或禮拜四會在洛杉磯嗎？

我看了一下日曆，禮拜四剛好是我的會計期末考日。「兩天我都有空」我這麼回覆。我很希望他不會選擇在週四見面。在南加大，如果你錯過期末考，通常那科就會被當掉。艾略特立刻回我信：

你可以禮拜四早上八點和我在長灘萬麗酒店的大廳見個面嗎？很抱歉讓你跑這麼遠，但我剛好在這邊參加一個會議。

喔對了，我們見面以前，你應該先去讀一下《不說話，毋寧死》（暫譯，*When I Stop Talking, You'll Know I'm Dead*）這本書，差不多讀到「阿塔邦之星」的部分就可以了，應該只有一或兩章的篇幅。你會很愛那本書的。

參加《價格猜猜猜》，不準備期末考；和艾略特見面，冒著可能錯過期末考的可能。

這就好像有人在玩一個以我的人生為劇情的電玩遊戲，他們靠在椅背上，一邊大笑一邊朝我腳邊丟擲香蕉皮。每個不可能的決定都好像是遊戲備份點，測試我的心到底想要什麼。

只不過，這一次，也是第一次，我心裡絲毫沒有任何猶豫。

任何人都終身受用的五條鐵則

兩天後，我坐在飯店大廳正中間的沙發上，目光在手錶和飯店入口間來回巡。如果等下談話花了二十分鐘的話，開車回去學校還需要半小時，也就是說，我在期末考開始前還有大概兩小時可以惡補；假如我們聊了一小時，那我還是有……

當艾略特大步走進門時，我腦袋裡的算術也隨著戛然而止。他橫過大廳，即便還隔著一段距離，他的眼神看起來還是相當銳利並且具有穿透力。他的一雙眼睛緩慢地掃視整個大廳，速度實在慢到很像一頭虎視眈眈著整座叢林的黑豹。等他離我更近時，我發現他好像都不眨眼的。他看到我，朝我點了個頭，然後就走到我身旁。

「等我一下。」他說，眼神完全沒有和我接觸。

他拿出手機打字。過了一分鐘……兩分鐘……然後……他抬起頭往上瞄了一眼，看到我正盯著他瞧。我趕緊移開視線。我看了一下錶，已經過五分鐘了，而我們幾乎沒有交談。我又偷偷地瞄了艾略特一眼，我看到他穿的鞋子，發現自己實在很難忍住不笑。我猜得果然沒錯。

我在南加大的兄弟會招生儀式中發現，人們都很容易被看起來跟自己相似的人吸引，所以我認為如果你和某個人看起來越像，你們就越容易發展出友誼。於是，那天早上我花了點時間斟酌艾略特可能的穿著。最後，我選擇了藍色牛仔褲、綠色V領衫，穿上咖啡色的TOMS鞋，因為我讀到一篇報導說，TOMS的創辦人也參加過峰會的活動。艾略特呢，則是穿著灰色牛仔褲、藍色V領衫和灰色TOMS鞋。只不過，他的頭一直低著，眼睛也黏在手機螢幕上，我覺得他根本就不會注意我穿什麼。

「你還在唸書嗎？」他問，頭抬也不抬。

「對，現在是大學二年級。」

「你會休學嗎？」

「什麼？」

「你聽到我說的了。」

外婆的臉閃現在腦海。我可是以她的性命發誓。

「不會，」話脫口而出，「我不會休學。」

艾略特露出一個溫和地微笑，「好吧，這到時就知道了。」

我話鋒一轉：「我知道你很擅長把人們聚在一起，為你的峰會活動增加動能，我很好奇你是怎麼辦到的。所以我想問你的一個問題是……」

「你可以問不只一個問題。」

「喔，那麼，我想我要問的第一個問題是，讓你開始累加這麼多動能的轉捩點是什麼？」

「沒有這個東西，」他說，一邊繼續在打字，「都只是一小步。」對其他人來說，這個答案可能已經夠好了，但我花了好幾個禮拜想像艾略特針對這個主題發表了長篇大論，所以這只有寥寥不過幾個字的解釋，讓我覺得他好像在打發我。

「呃，好吧，但我的問題意思是……」

「你讀了嗎？『阿塔邦之星』那章？你有把書翻開嗎？還是要你一天讀兩章書也有困難？」

「我讀了，」我回答，「我把整本書都讀完了。」

艾略特終於不再低著頭。他把手機收了起來。

「天啊！我在你這年紀時跟你簡直一模一樣，」他說，「我就跟你一樣拚命，你是不是花了一整個禮拜研究該怎麼寫那封信給我？嗯？」

「兩個禮拜。然後找你的電子信箱地址又花了三小時。」

「是啊，老兄，我以前也會幹這種事。」

我終於放鬆下來，然而，這是個錯誤，因為艾略特立即對我發動攻擊，像機關槍般向我掃射關於這個任務的一堆問題。他詢問的方式非常壓迫、急速，我一度以為自己是在被偵訊。我盡可能地回答他的問題，但不確定我們的對話會往什麼方向去。當說到我在廁所裡蹲了多久時，他笑了出來。

他拿出手機，看了一下時間。

「聽著，我本來只預計和你聊三十分鐘的，但或許，等等！你今天有課嗎？」

「別擔心，我沒事，你有什麼想法嗎？」

「嗯，如果你想的話，可以在附近晃一下，然後旁聽我等下要開的會。」

「聽起來很棒。」

「好，酷，」他說，「但是，首先我要給你一些基本規則。這五件事不只適用於今天，而是你終生都適用，」他的目光直直地和我對上，「把它們寫下來。」

我拿出手機，把他說的話打進筆記本裡。

「**規則一：開會時絕對不可以用手機**。我不管你是在寫筆記還什麼的。**開會時用手機會讓你看起來很愚蠢**，一定要隨身攜帶一枝筆。世界變得越來越數位化，**所以用筆也會讓人印象更為深刻**。況且，在開會時用手機本來就很沒有禮貌。

「**規則二：表現出很融入的樣子**。走進房間時，要露出一副好像之前就來過的樣子。別對著名人流口水，要維持鎮定、冷靜。然後，絕對不可以要求和人合照。如果你想被當成同儕對待，那你就得像個同儕。只有粉絲才會想要一起合照。同儕間彼此會握手。

「既然講到拍照，**規則三：神祕感創造歷史**。當你在做很酷的事時，不要把照片放上臉書。你不會因為把每天做的事放到網路上而改變世界。**讓人去猜測你在幹嘛**。況且，這些臉書發文吸引到的對象，根本就不是你該吸引的人。

「好，現在來到**規則四**，」他說道，慢慢地加重每個字的力道，「這條規則是最重要的。如果你違反的話，」他把手移到脖子前面，比了個橫切的動作，「那你就死定了。」

「如果你破壞了我對你的信任，你就完了。**絕對，不可以說話不算話**。如果我告訴你一些祕密，那麼你得把自己當成是金庫，只能進，不能出。從今天起，這個規則適用於你和每個人的關係。**如果你的言行舉止像座金庫，那別人就會把你當金庫**。你需要很多年才能建立信譽，但轉瞬間就可能毀之殆盡。懂了嗎？」

「完全明白。」

「很好，」他站起身然後低下頭看我。「起來吧！」

「你不是說有五個規則嗎？」

「啊，對喔，**最後一個：奇異歷險只會發生在探險家身上**。」

我還沒機會詢問這句話是什麼意思，艾略特就走了。我跟在他後面，他轉頭過來說：

「準備好和大男孩們一起玩了嗎？」

我點頭。

「喔對了，」他上下打量了我一番後，補了一句：「這雙 TOMS 鞋不錯嘛！」

用你的故事吸引目光

艾略特的會議開始了，我正襟危坐，比過往上課聽任何教授講課還專注地聆聽。艾略特很隨性地開場，開了一些玩笑，詢問對方早上過得如何。不知不覺中，他開始把全副注意力都集中在對方身上：她熱愛什麼事？目前手頭上在忙些什麼？當她出於禮貌試著反問艾略特和他相關的事時，他就笑著說：「哦，我這人很無趣的。」接著又丟出另一個問題給對方。基本上可以說，整個互動過程中，艾略特幾乎都沒提到關於自己的任何事。最後，在會談進行到似乎是最後時，艾略特才稍微分享了自己的故事：「我夢想中的城市根本不存在，所以我打算自己來蓋。」他計畫在猶他州一個名叫伊甸的地方，買下北美洲最大的一座私人滑雪山脈，在後山建造一個小型的居住區，提供給企業家、藝術家和社運人士居住。她還聽得入迷時，艾略特就結束了會談。

他給對方一個擁抱，對方就離開了。接著，另一名賓客也到了。第二場會談就如第一場般行雲流水。我著迷不已地看著艾略特控管整個互動過程。我不想把眼睛從他身上挪開，但卻又忍不住一直偷瞄我的錶。我一定要在一小時內啟程返回學校。

第二場會談結束後，艾略特起身，示意我也站起來。

「好玩嗎？」他問我。

我露出一個大大的微笑。

「好極了，」他說，「那你一定會愛死接下來這個。」

他走向出口，我緊緊跟在他後頭。我只能不斷地想到一個巨大的沙漏，裡頭的沙正不斷往下流瀉，在為我的期末考倒數。

我們穿過街道，走進威斯汀酒店，威斯汀酒店可不是泛泛之輩。這一週，此處恰好是世界上規模最大的活動，TED大會的主要會場。我們走進大廳裡的餐廳。餐廳的隱密性很好，只有不超過十五張桌子。發現播放的音樂是古典樂，襯著小湯匙和瓷杯碰撞的聲音。

艾略特直接走向領班：「四個人，麻煩了。」

我們一路被招呼至用餐區時，我心想或許應該告訴艾略特等下我得先離開，但就在此時，艾略特和坐在附近桌的一個人打了招呼。我立刻就認出這個人，他是薩波斯的執行長謝家華，他的書《想好了就豁出去》現在都還放在我書架最上面那一層呢！

艾略特繼續往前走。「你有看到那邊那個人嗎？」他輕聲對我說，「那是賴瑞．佩吉（Larry Page），谷歌的執行長。你左手邊那個人是里德．霍夫曼（Reid Hoffman），領英（LindedIn）的創辦人。還有那邊那個，最後面那桌，戴眼睛的那個男的，他創造出Gmail。你右手邊，穿藍色慢跑短褲的是查德（Chad），YouTube的共同創始人。」

我們到了自己那桌，艾略特的客人也到了。第一個抵達的是法蘭克（Franck），世界上最大的創業家機構，創業週末（Startup Weekend）的共同創辦人；然後是布萊德（Brad），他是當時市值已達一百三十億美元的酷朋（Groupon）創辦人之一。他們三人聊著天。一整頓飯的時間，艾略特一直朝我投射目光，彷彿在為我打分數似的。我看不出他是希望我多參與談話，或是覺得我那唯一一次的發言也嫌多。

早餐吃到一半時，酷朋的共同創辦人去了一趟洗手間，創業週末的共同創辦人則是到旁邊去接一通電話。艾略特轉向我，繼續他的偵訊。

「你的錢是哪裡來的？你要怎麼支付這些旅費？」

我告訴他這些錢是我從遊戲節目裡贏來的。

「你什麼？」他問我。

「你聽過《價格猜猜猜》嗎？」

「每個人都嘛聽過。」

「好吧，去年在期末考前兩天，我熬了一晚的夜，研究出該怎麼破解這個節目。隔天，我去參加錄影，贏了一艘帆船，然後把它賣了，用賣來的錢資助任務。」

艾略特放下手中的叉子：「等等，你的意思是，我們已經見面兩個小時了，結果你現在才告訴我，你破解了一個電視遊戲節目，然後以此資助整趟冒險之旅？」

我聳了個肩。

「你這個白痴。」他說。

他朝我靠過來，壓低聲音，一個字一個字地說，「你再也不可以和某個人坐下來聊天，卻絕口不提這件事了。你的任務很棒，但這個故事比任何你說得出口的話，更能呈現出你是一個什麼樣的人。這個故事能引起人的興趣。」

「每個人都有自己的人生經歷，」他補充說明，「有些人把它化成故事。」艾略特的話實在讓我聽傻了，以致於我幾乎沒注意到其他兩位客人已經回來坐下了。

艾略特開口：「艾力克斯，把剛剛跟我說的事再跟他們說一遍，跟他們說說你是怎麼資助自己的旅程。」

我支支吾吾地說完這個故事，雖然說得不怎麼通順，但這之後，整個氣氛都不一樣了。酷朋的共同創辦人打斷我說：「這也太不可思議了。」接下來的時間，他一直來和我說話，分享他的故事和建議，還給了我他的電子信箱，要我保持聯絡。

我又瞄了錶一眼。如果我不在幾分鐘之內離開，我就死定了。

我暫時離席到一旁去，在手機上搜尋南加大商學院辦公室的電話號碼。當撥號音響起時，我轉頭過去看著那一桌桌執行長和億萬富翁們，他們可是我夢寐以求想要取經的對象啊！

祕書接起電話，一股壓倒性地急迫感讓我想都不想就脫口而出：「請為我轉接院長。」不知為何，她竟然照辦了。商學院的院長（不是阻止我和史匹柏聯繫的戲劇學院院長）接起了電話。

「我是艾力克斯．班納揚。我得告訴妳我現在人在哪。在我三公尺之外是……」，我一一列舉出在我附近的這些人，「不需要我說妳也知道這是多麼千載難逢的機會。但是再不到一小時就是我的會計期末考了，也就是說，我現在這一秒鐘就得離開這裡才能及時趕回學校。但我下不了這個決定，妳來做決定。我需要在三十秒內得到答案。」

她沒有任何回應。

三十秒後，我忍不住開口詢問她是否還在線上。

「不要說是我說的，」她說，「明天早上寫信給你的指導教授，說你從舊金山飛洛杉磯的班機延誤了，你也無計可施，你是因為這樣才錯過期末考的。」喀噹。她掛上電話。

時至今日，我仍難以完整表達出自己對那天早上副院長所做的這一切有多麼感激。

我回到餐桌上，早餐會繼續進行著，能量也不停地累積。酷朋的共同創辦人邀我去芝加哥拜訪他。里德・霍夫曼在我們桌邊停下腳步。後來，艾略特的兩個客人離開了，我坐在那，環視整間餐廳，享受這整個氛圍。

「嘿，大紅人，」艾略特輕聲說，「你不是想訪問科技業大佬嗎？谷歌的執行長就在那，離你六公尺。這是你的機會，去跟他說個話，看看你可以有什麼收穫。」

一波恐慌漫過我全身。

「如果你想，機會就在那。」艾略特說。

「我通常要準備好幾週才會邀請人受訪。我對他一無所知。我不覺得這是個太好的主意。」

「做就是了。」

艾略特好像聞得到「糗糗」的味道。

「去嘛，硬漢，」他繼續說服我，「讓我們看看你有什麼料。」我死都不動。

「去，去試看看。」他說，聽起來像是個毒販。每說一句話，他的肩膀就越發聳起，胸膛看起來也更加厚實，好像想藉此安撫我的不安。他用令我緊張的黑豹眼直勾勾盯著我。

「當機會就在眼前時，你要採取行動。」賴瑞．佩吉，谷歌的執行長把椅子向後推。我幾乎感覺不到我的腿，他開始移動了。我站起身來。

我尾隨著佩吉離開餐廳，走下樓梯。他走進洗手間，我縮了一下，不會又要來一次吧！我也跟著走進去。洗手間裡有六個小便斗，佩吉站在其中一個前面，其他五個小便斗都是空的。我不假思索，選了一個離他最遠的。我站在那，試著想出些厲害的話說，但腦袋裡唯一有的聲音是艾略特說的話：「當機會就在眼前時，你要採取行動。」

佩吉移往洗手臺洗手。我跟著，當然還是選了離他最遠的一個洗手臺。越想著自己可能會失敗，我就表現得越失敗。

佩吉正在烘手，我得說些什麼。

「呃，你是賴瑞．佩吉，對吧？」

「是的。」

我的臉上毫無血色。佩吉看著我，一臉困惑，然後就走了出去。就這樣。

我拖著雙腿回到餐桌，艾略特正等著我。我無精打采地坐下。

「如何？」他問。

「呃，這個嘛……」

「你要學得還多著呢！」

只有去冒險，才能經歷奇幻旅程

既然蓋茲的幕僚長說我需要出版計畫，所以我決定要先來搞定這件事。我用谷歌搜尋一下，用不了太多時間，我就學到了關於出版的二三事。首先呢，你需要先有個提案，以此吸引作家經紀人的注意，然後他們就可以幫你去談出版合約。每篇我讀到的部落格文章都一再強調，如果沒有找到作家經紀人，你就無法和大型出版社談成合約。也就是說，在我看來嘛，意思就是沒有經紀人，就沒有比爾．蓋茲。

我買了超過一打和出版相關的書，《寫作書籍提案大全》（*How to Write a Book Proposal*）、《暢銷書提案》（*Bestselling Book Proposals*）、《絕不會錯的書籍提案》（*Bulletproof Book Proposals*）。然後把它們通通堆在書桌上，活像座巨塔。我埋頭苦幹，試著開始寫提案，並且利用費里斯的陌生郵件範本寫信給一堆暢銷書作者尋求建議。奇蹟似地，各式各樣地建議如潮水般湧入。他們在信件中回答我的疑問，有的和我通了電話，甚至一些人還和我見了面。他們的和善令我大喜望外，不僅如此，他們還幫助我了解到自己面臨的困難為何。我是個年輕、沒沒無聞的作家，沒有任何資歷，進入出版業的時間剛好也是這個產業正在萎縮的時候，即便對成功的作家來說，要在此時獲得合約也並非易事。

也因為如此，這些和我談過的作家們都不停強調非常關鍵的一件事：在書籍提案內容以及與經紀人會談時，要把重心放在行銷概念上。他們告訴我要多多使用各種可以證明書賣得出去的事實和數據，畢竟沒有證據，有哪個經紀人會想浪費他或她的時間呢？不過，首先我需要想好要接觸哪一個經紀人才是。

某一個作者告訴我決定的方法。

他要我去買二十本題材類似於我即將寫作的書，翻開來閱讀致謝詞的部分，然後記下作者感謝的經紀人是誰。於是，我花了好幾週編集名單，研究同一個經紀人還代理了哪些其他書，以決定最佳的經紀人人選。

某天晚上，我待在儲物櫃裡，抓起一疊白色列印紙，彈開一支黑色馬克筆筆蓋，在紙張上方打橫著寫下：沒有經紀人，就沒有比爾．蓋茲。

我一個一個地信筆寫下這二十個經紀人的名字，從我最喜歡的開始，一路往下。然後，我把這張清單貼在牆上。寫完提案後，我開始主動聯繫他們，一次只聯繫幾個。隨著大二學期結束，暑假開始，我也開始收到零星地回覆。

「這類的書不會賣。」其中一個人這麼說。我在她的名字上劃了一條線。

「我覺得我不太適合你。」另一個人這麼說。我把他的名字也照樣劃掉。

「我目前不再承接新客戶了。」

每次的拒絕都比前一次更椎心刺骨。某天，我腸枯思竭地思索著自己是哪裡做錯了時，桌上的手機突然震動起來。是艾略特傳簡訊來。一看到他的名字，我就立刻抓起電話。「我現在在洛杉磯。出來跟我晃一下吧！」

亟欲休息片刻的我，立刻前往艾略特位於聖塔摩妮卡的公寓。當我抵達時，發現他和他二十四歲的弟弟，奧斯丁正坐在沙發上，兩人手上各拿著一部筆電。

「唷！」我開口說。

艾略特興趣缺缺地瞅著我，澆熄了我的滿腔熱情。他把注意力轉回到筆電上。

「我們今天晚上要去歐洲。」他開口。

「喔，酷！幾點出發？」

「還不知道，我們一分鐘前才決定要去的。現在正在找機票。」

他怎麼能這樣過活啊？我爸媽如果要出門旅行，一定會事先在六個月前就做好計畫。我爸會把厚厚一疊裝有護照影本、緊急聯絡人號碼和行程表的文件袋交給三個不同的人。

「你應該跟我們一起去。」艾略特說。

我以為他在開玩笑。

「你這個週末有什麼重要計畫嗎？」他問我。

「應該沒有。」

「很好，那就跟我們一起去！」

「你認真的？」

「當然，現在立刻訂機票。」

「我爸媽不可能讓我去的。」

「你已經十九歲了，為什麼還需要請示父母？」

顯然，艾略特不知道我媽是怎樣的一個人。

「你跟還是不跟？」他步步進逼。

「我不行，我……今晚有個家族聚會什麼的。」

「好，那就明天早上飛。我們在那裡見。」

我沒有回應。

「你跟還是不跟？」他又問了一次。

「我《價格猜猜猜》的獎金剩不多了，沒錢付機票、住宿的錢。」

「搞定機票就好，其他的我幫你付。」

我用完所有的藉口了。

「很好，」艾略特說，「你跟我們一起去。」

我還無法做決定，但我也不想把話說死，所以我先點了點頭。

「好極了，明天早上上機，到倫敦和我們會合。」

「我要怎麼和你們會合？」

「落地後傳個簡訊給我們，我再把地址傳給你。很簡單的，只要從機場搭上管子

（Tube），我會告訴你要在哪一站下車。」

「管子是啥？」

艾略特冷笑一聲。

他轉向奧斯丁說：「喔我的老天啊！如果我們告訴他在倫敦見面，然後等他到了倫敦，我們根本不在那，而是留了一張寫著謎題的紙條，說我們人其實在阿姆斯特丹；然後等他到了阿姆斯特丹後，又發現另一張謎題紙條，上面說我們在柏林；然後在柏林、其他地方也都這樣搞！」

我的臉立刻漲紅了起來。

「開玩笑而已，只是在開玩笑！」艾略特說。

他看著奧斯丁，兩個人歇斯底里地瘋狂大笑起來。

這是誰的決定？

我朝外婆家移動，準備參加安息日晚餐，這可絕對稱不上是什麼平靜的家庭聚會，而是一共三十個表兄弟姊妹、叔舅、姑姨，全圍著一張桌子，扯開嗓門對彼此吆喝，也就是說，如果我有點腦子的話，就不會在晚餐時間告訴我媽要去歐洲的事。

吃飽飯後，我問媽媽可不可以到側廳聊聊。我把門關上，告訴他關於艾略特的事，以及為什麼我這麼亟需跟著他學習，還有我和他第一次見面的過程。

「哇！」她說，「這真是太棒了！」

然後我告訴她，明天早上我要和艾略特在倫敦會合。

「你說要去倫敦，這什麼意思？你在鬧著我玩的嗎？你根本不認識這傢伙。」

「我沒有很認識他，但他不是隨便哪個張三李四。他在商業界很出名的。」

我媽用手機谷歌了艾略特，但很快就發現這是個餿主意。

「這些照片是什麼？」

「呃……」

「他家在哪？網站上怎麼沒說他是在幹嘛的？」

「媽，妳不懂啦！神祕感才能創造歷史。」

「神祕感才能創造歷史？你瘋了嗎？萬一你飛去倫敦，然後神祕先生根本不在那咧？你到時候要住哪？」

「艾略特說我落地後會傳簡訊給我。」

「他會在你落地後傳簡訊給你？你真的起肖了！我沒力氣跟你搞這些，不准去！」

「媽，我真的都想過了，最糟的狀況就是他要了我，大不了我就飛回來，當做浪費掉《價格猜猜猜》的獎金就是了。但最好的情況就是，他或許可以成為我的導師。」

「錯！最糟糕的狀況就是他沒有耍了你，只要你還跟他兜在一塊，不知道他還會逼你去做什麼事，不知道還會帶你去哪，也不知道他都跟哪些人混在一起……」

「媽，妳聽我說……」

「不，你才聽我說！你看看你。你遇到某個人，他說和你明天倫敦見，而你竟然還答應他？我們都沒有好好教你嗎？你的常識跑哪去了？你有沒有停下來問問自己為什麼艾略特從不好好待在某個地方？他為什麼出發前幾小時才訂機票？他是在逃避什麼嗎？他為什麼要一個十九歲的年輕人跟著他四處跑？他有什麼問題？」

我也沒有答案。但我的內心告訴我，不知道答案也不重要。「媽，錢是我贏來的，這是我自己的決定，我要去。」

她的臉色發紅：「我們明天早上再說。」

當天深夜，透過臥房牆壁，我聽得見媽在電話中向外婆哭訴的聲音：「我再也不知道該拿他怎麼辦了，他已經失控了。」

隔天一早，我在廚房碰到她。我拿出筆電，告訴她，我需要在接下來的兩小時內買到機票，才能順利抵達倫敦。然而，時間的壓力也無法說服她。

昨晚的對話再次重播，和許多波斯家庭會發生的情況一樣，這類原本是一對一的談話遲早都會發展成一場鬧劇：我的姊妹塔莉亞和布莉安娜穿著睡衣出現，很快地和兩邊都吵了起來，彼此互相喊叫。我爸走進來，完全搞不清來龍去脈，但也開始大吼著：「誰是艾略特？誰是艾略特？」門鈴響起，外婆也來了，手上拿著裝有去皮小黃瓜的保鮮盒，問我們做好決定了沒。

距離大限只剩下十五分鐘，但我媽仍舊不肯讓步。我告訴她，雖然我真的很愛她，但我需要為自己做這個決定。

就在她準備回應以前，外婆打斷了她。

「夠了，」外婆說，「他是個好孩子，讓他去吧！」

整個廚房鴉雀無聲。

我媽伸手拿起我的筆電。我看向螢幕，她正在幫我訂機票。

當隻大口吞象的貪食蛇吧！

一天後，倫敦某處的屋頂

我以前從不相信這樣的地方真的存在。這裡有數十個，不，數百個身材高挑、面容姣好、穿著比基尼泳裝的辣妹，她們身體的曲線凹凸有致，能融化我這個無緣加入兄弟會的屁孩腦袋。泳池裡摩肩擦踵，人滿得溢出到泳池畔，人們就這樣沐浴在耀眼的陽光下。耳邊聽到的聲音，都是咯咯笑聲、水花聲和打開香檳的聲音。艾略特斜倚在我右手邊的海灘椅上，他才剛從泳池裡上來，頭髮濕漉漉地還滴著水。奧斯丁坐在他旁邊，刷彈著吉他。

「所以……」我問艾略特，「創業家的生活就像這樣嗎？」

「還差得遠呢！」他回答。

他告訴我，剛開始讀大學時，他對「創業家」一詞代表什麼意義幾乎沒什麼概念。這個概念第一次對他產生明確意義，是在大一那時。當時他走進宿舍大廳，看見某間房門下散出蒸氣。他撞進門，看到他朋友把自己的房間變成了一間臨時湊合的T恤工廠。

「你在幹嘛啊？」艾略特問。

他朋友向他解釋轉印T恤的原理。

「酷耶！」艾略特說，「你老闆是誰？」

「我沒有老闆。」

「什麼叫做『沒有老闆』？是哪間公司聘請你的？」

「沒有公司。」

「怎麼可能沒有老闆？那誰付你薪水？」

「那些買我T恤的人付我薪水啊！」

「我真心不懂。你沒有老闆或是辦公室嗎？那你怎麼……」

「老兄，這就叫創業家。要的話你也可以。」

這看起來是如此簡單：這個小屁孩，做了一件T恤，然後某個人用二十美元買下，而且，還沒有老闆欸？對艾略特來說，這簡直是夢想成真。只不過，他不知道自己可以做什麼，於是，他決定，不如也來做T恤吧！

他問朋友是否可以合夥，然而在累積了好幾箱賣不出去的T恤後，兩人宣布放棄。接下來那一年，他們又成立一家為校園周邊商家提供行銷諮詢服務的公司。只不過，花了九個月跟每間店家推銷投售後，還是沒有任何人聘用他們。

艾略特回到華盛頓特區的家過暑假，發現他父親辦了一份以當地房地產為主軸的電子報。他心想，「要不然我來幫電子報拉廣告好了？」他父親拒絕了這個提議。那時候的艾略特不過是個先前有兩次創業失敗經驗的大學小鬼，但經過一番遊說後，他父親終於讓步，放手讓艾略特去做。他找來了當地的報紙，翻到房地產版位，研究哪些公司有買廣告，然後打給了第一間公司。

「你好，我想要賣廣告，請問負責人是哪位？」

「抱歉，沒興趣。」嘟嘟嘟！

他繼續撥下一通電話：「嗨，請問誰負責貴單位的廣告業務？」

「喔，我們的行銷總監。」

「啊！好極了！我想和他談談。」

「抱歉，沒興趣。」嘟嘟嘟！

艾略特又撥了另一通電話：「嗨，請問誰是貴單位的行銷總監？」

「莎拉．史密斯。」

「噢，那我可以和她談談嗎？」

「不行！」嘟嘟嘟！艾略特註記下來，打算之後再聯絡她。

一週後，他又撥了電話過去，用最專業的聲音說：「你好，我是艾略特．畢斯諾，麻煩轉接莎拉．史密斯。」

「請稍等。」他的電話立刻被轉接了。

打了三週的陌生開發電話後，艾略特總算獲得一個和大型房產公司仲量聯行（Jones Lang LaSalle）在華盛頓特區辦公室面談的機會。艾略特曾聽說過，如果你提出三種不同價格區間的選項給人，然後把第一個價位定得過度昂貴，然後再把第三個選項弄得很不吸引人，那麼多數人就會選擇第二個選項。於是，他計畫出金標、銀標、銅標方案，銀標方案是六千美元，可刊登十次廣告。他的定價方法背後沒什麼學問，純粹只是覺得這數字聽起來滿不錯的。

艾略特去開了會，提出投售提案，當然啦，對方回答：「我想，我們選銀標方案好了。」

這下子，換艾略特不知道接下來該怎麼辦了。

他說：「沒問題，好極了，」試著讓自己聽起來專業些，「那麼，再確認一下，接下來你們希望後續怎麼處理比較方便？一般來說，當你們剛和一間公司簽約後，後續會希望怎麼進行？」

「這個嘛，他們通常會先下廣告訂單給我們。」

「沒問題。」艾略特回應，同時寫下「記得寄廣告訂單」，回家後立刻上網搜尋。

那個夏天，艾略特天天都在打電話，最後一共賣出價值三萬美元的廣告。他抽取二〇%的佣金，也就是六千美元入袋。他回到學校開始大三生活，但每天早上五點鐘就起床打電話賣廣告。在這些實戰練習下，他成了陌生開發電話的專家。他開始可以談成兩萬美元、五萬美元、幾十萬美元的生意。於是，他暫停學業一學期，接著，又休了第二個學期，最後乾脆休學不讀了。艾略特創立了「畢斯諾媒體公司」，公司營運的前幾年裡，他甚至能賣出價值百萬美元的廣告。

艾略特從躺椅上坐起，對我說：「這不是什麼很難的東西，也不像那些商業書寫得那麼困難，是吧？」

我點點頭，但向艾略特坦承，有時打陌生電話給人時，我會緊張到忘記該說什麼。

「那是因為你想太多了，」他說，「就告訴自己你是打給朋友，撥號，立刻開口。**解除緊張的最佳解藥就是馬上行動。**」

馬上行動是艾略特的人生核心價值，再加上打死不退的努力，隨著時間過去就發揮出效果。艾略特賣出第一個廣告的十年後，他和父親把「畢斯諾媒體公司」賣給一間未上市公司，獲得五千萬美元現金。

「等一下，」我用手遮著陽光，「如果你都把時間用來打陌生開發電話，那你怎麼還有時間開始峰會計畫？」

「那個當初只是兼著在做的計畫啦！」他說。

休學後，艾略特發現商場上找不到任何和他同齡的人。除了想認識新朋友之外，他也想和那些可以學習的對象建立關係。於是，艾略特打給一些他不認識，但曾在報章雜誌上看過的年輕創業家，問他們：「要不要找一些我們這一掛的人，花一個週末的時間聚聚？」

於是，他找來了 CollegeHumor、TOMS、Thrillist，和其他十來個創業家，在那個週末一起和艾略特去滑雪。艾略特甚至付錢幫他們買機票。當然啦，他沒那麼多錢，所以先以信用卡支付這三萬美元，然後打算在月底就還清這筆錢。

接下來，他去做自己最擅長做的事。艾略特打給一些公司，詢問他們是否願意贊助這個聚集二十個全美最年輕、最了不起的創業家的活動，這些公司都答應了。

「我媽幫我訂了小木屋，我租了幾部車，等大家都到齊後，每件事似乎就都自動自發完成了。」艾略特繼續說：「我還記得問我媽說：『我要買什麼東西給他們？該買蘋果還是雜糧棒？哪一牌的雜糧棒？要去哪買啊？』我根本就不知道自己在幹嘛。但從那時候起，我就奉行著這個人生準則：當隻吞象的貪食蛇。反正之後你總能夠慢慢消化完的。」

艾略特拿起雞尾酒酒單搧風，他環視著泳池畔說：「這裡好像有點太熱了。」

他拿出 iPhone，打開天氣 App，在歐洲各大城市氣象預報中滑來滑去。

「巴黎，三十三度？不要。柏林，三〇．五度？不要。馬德里二十九度？不要。」艾略特斜靠在椅子上，下巴抬得老高，繼續不停在不同城市間來回翻找，彷彿自己是奧林帕斯山上的宙斯天神。

「啊！這就對了，」他說，「巴塞隆納，二十二度，晴朗有陽光。」

他又打開另一個 App，訂了三張機票，接著，我們一起走出門。

生意就該這麼談

八小時後，巴塞隆納的某家夜店

音樂聲震耳欲聾，七名女侍浩浩蕩蕩地朝我們走來，一手拿著鞭炮，一手拿著特大瓶的伏特加。七大瓶酒，我們只有六個人。每次只要有人拿給艾略特一小杯的酒，他就會微笑著說：「乾杯。」其他人總是一飲而盡，但他卻都把酒倒進左手邊的盆栽裡。

我們的飛機三小時前才落地，艾略特在酒店大廳巧遇了一個他認識的祕魯媒體大亨，對方邀請我們到酒店裡的夜店一起開趴。我們到了他那一桌，艾略特要我坐在大亨邊，叫我告訴他《價格猜猜猜》的故事。我說著說著，他的眼神卻漸漸放空，於是艾略特插話進來，引導故事發展，穿插一些我忘了提到的有趣細節，到最後，我們每個人都哈哈大笑，大亨還跟我要電子信箱，要我保持聯絡。

接著，艾略特又指著同桌的某個人：「艾力克斯，去跟他說這個故事。」

我聽話照辦，講完後，艾略特又指了另一個人，「現在換他。」

他不停指來指去，「再說一次，去跟他說。」

後來艾略特開始指向一些完全陌生的人。情況越不自在，我卻說得越好。每說一次，「糗糗」的影響力就越少一些。直到某個時間點後，我幾乎感覺不到「糗糗」的存在了。

艾略特對我說：「所以我才說你不懂，你可能以為你的故事內容和某個遊戲節目有關，所以大家才這麼喜歡聽。但故事的內容是什麼，並不比你怎麼說來得重要。」

現在已是凌晨兩點鐘，我看著艾略特和同桌其他人廝混著。在商業課堂上，我們都被教導剛認識新朋友時要保持專業態度，互換名片、使用電子信件而非簡訊聯絡。但艾略特卻恰恰相反。

不過，他說這並非與生俱來的技能。我們走到夜店的戶外露臺，艾略特向我承認，他在成長過程中並沒有太多朋友。他小時候矮矮胖胖的，在學校時總覺得自己像個透明人。那些霸凌他的人管他叫「侏儒」，還把他的姓氏「畢斯諾」念成「必死囉」。令他安心的唯一一個地方就是網球場。艾略特高三那年決定休學，改唸一間網球學校。上大學後，他的人際關係仍沒太大起色。大部分的人都不想和他來往，也不想邀請他參加派對。他雖然交了女友，但對方覺得他每天都這麼早起床打電話實在很奇怪，所以很快就跟他分手了。艾略特畢業離開大學後，社交尷尬癌還是如影隨形。雖然他在各種社交場合中蒐集到的名片多到得用鞋盒才裝得下，而就在某個晚上，他才學到一門新功課。

那晚，他穿上西裝、打好領帶，準備前往一間牛排館和潛在廣告客戶見面。他非常緊張，因為這是他第一次在辦公室之外的地方和客戶談生意。他見到客戶時，對方看著他直搖頭。

「艾略特，脫掉外套。把它脫掉，領帶也是，把袖子捲起來，拉張椅子坐下吧！」

艾略特預約了一張靠角落的桌子，但客戶卻說不要坐那。他帶艾略特走向吧檯。

「我們要兩份起司薯條和啤酒。」

艾略特說：「我們不是要開會嗎？」

「放輕鬆！和我聊聊你自己。」

他們交換了彼此的人生故事，互開玩笑，艾略特這時才發現，原來兩人之間的共同點還真不少。花了一個小時認識彼此後，對方這才放下手中的飲料說：「好吧！你想賣什麼給我？」

「這個嘛，」艾略特說，「我希望你可以選這個、這個和這個，然後價位在這。」

「是嗎？我希望是這個價位，然後這麼做，這樣可以嗎？」

「可以修改一下這裡嗎？」

「沒問題，」對方說，「這樣聽起來如何？」

「好極了。」

他們握握手，就這樣談成一筆一萬六千美元的生意。兩人又繼續聊了一個小時。離開吧檯時，對方看著艾略特說：「小伙子，生意就是要這樣談。」

艾略特和我離開了夜店，走回房間。

在飯店走廊時，艾略特開口說：「我本來以為你不會來的。」

「什麼意思？」

「我跟你說你應該跟我們一起來歐洲時，你猶豫了。我很訝異你真的來了。後來為什麼決定要來？」

「我用邏輯思考了一下，」我回答，「最好的情況，就是我可以跟著你學到很多很棒的事；最糟的情況就是損失一些錢，雖然會有點痛，但人生還是可以照過，你懂吧？」

艾略特停下腳步，直勾勾地看著我的眼睛，不發一語。

然後，他又繼續往前走。

幾分鐘後，奧斯丁也回房間了，我們準備就寢。艾略特睡床上、奧斯丁睡另一張床，而我則是睡原本塞在浴室洗手臺旁邊的一張折疊床。我把燈關上。過了一會兒，我聽到艾略特小小聲在說話。

「艾力克斯，你還醒著嗎？」

我累壞了，完全沒有心情聊天，所以沒有出聲。三十秒鐘後，我聽到他朝另一個方向耳語。

「奧斯丁……」艾略特說，即便一片黑我還是聽得出來他是笑著在說。

棉被裡傳來一陣悉悉簌簌聲。

「奧斯丁，他是我們這一國的。」

人生不是只有一種過法

隔天中午，我們在座席區沿著巴塞隆納蘭布拉大道（La Rambla）人行道擺設的一間咖啡店吃午餐。出乎我意料之外，我竟然獲得很好的休息。艾略特堅持每個人都要睡足八小時，早上起來還要做瑜伽，離開飯店前花個幾小時把公事處理好。他不菸不酒，我們在街上閒晃時，他還繼續在接聽會議電話。在看不見的地方，他的生活其實過得比呈現出來的樣子還更平衡。

「跟他說漢普頓的故事，」奧斯丁說，鼓譟著要艾略特開口。

「媽啊，漢普頓故事？」艾略特說，「艾力克斯，你一定會愛死這個故事。」大學休學後一年，艾略特聽說在漢普頓有個職業、業餘選手互相搭配組隊的網球賽。像艾略特這樣的業餘選手要想出賽，必須先捐款四千美元給該慈善機構。艾略特在華盛頓特區認識某個有錢人，他坐著自己的私人噴射機旅行，表示也想跟艾略特一起去。

艾略特說：「雖然我沒這麼多錢，但我還是決定捐錢參加比賽，因為我是這麼想的：『如果可以參加比賽，那我就是球員啦！而且，我還可以搭私人噴射機去漢普頓，成為錦標賽的一員，每個人都會覺得我超級夠格，之後我就能平步青雲了！』」

在這個為期三天的錦標賽期間，他遇到的人都問他這禮拜其他幾天打算做什麼。艾略特回答自己會待在漢普頓，雖然事實上他並沒有找到住的地方，想讓對方提出「喔，你應該來跟我住」的邀請，這樣他就可以無辜地回答：「天哪，我很願意！你真是太大方了，謝謝你邀請我。」

在旅程的最後，某個人把自己的奧斯頓．馬丁跑車（Aston Martin）借給艾略特讓他開著四處晃，他睡在別人的莊園裡，還和美國職棒洋基隊的老闆之一一起看電視上洋基隊的比賽轉播。

「我就在漢普頓當背包客，」艾略特說，「我發現自己真的很擅長。結果，三天的錦標賽最後變成了三週的歷險。」

在錦標賽活動期間，他認識了高盛銀行（Goldman Sachs）的執行長，對方說或許可以贊助艾略特第二屆的峰會活動。艾略特告訴對方，如果高盛銀行願意把高盛的商標放上活動網站的「贊助商」頁面，那麼他們甚至不需支付任何贊助費用。接著，艾略特打電話給其他公司：「聽著，要能當上峰會的贊助商非常困難。我們只和少數幾間公司合作，目前剛談妥的客戶是高盛銀行，所以如果你真有此意，我們也會認真以待。我們只和最出色的企業合作。」這是艾略特「借用可信度」的又一例。因為高盛銀行的關係，使得艾略特後來能爭取到其他贊助商，最後使得峰會大獲成功。

「這故事其實跟灑錢沒什麼關係，但和個人投資就大有關係了，」艾略特這麼告訴我：「你必須計算後做出判斷，你得知道投入的這些錢，長期下來能大量回收，或必須在短期內攤平開支。扣除掉你用來過活的錢之外，剩下的都是可運用的資金。」

我們繼續吃著午餐，但我卻一直想到一個字眼：動能。峰會系列是怎麼從一開始一個小小的滑雪之旅，演變到後來成為被柯林頓總統稱為「美國珍寶」的規模？我覺得少了某塊拼圖，所以我要艾略特再多告訴我一些峰會早期發展的情形。

艾略特說，舉辦完第一屆的峰會後，他讀了費里斯的《一週工作4小時》，於是把所有財產都賣了，離開得每天上班的「畢斯諾媒體公司」，開始環遊世界，在尼加拉瓜、特拉維夫、阿姆斯特丹之間來往居住。大約在那段時間裡，某次他飛回華盛頓特區探望父母，接著又去參加一場派對，在那認識一個叫尤希．薩金特（Yosi Sergant）的人，歐巴馬角逐總統時提出的「希望」競選概念，就是他和謝帕德．費爾雷（Shepard Fairey）的發想與創作。歐巴馬的團隊曾邀請尤希和一些青年創業家至白宮參訪，而當艾略特向尤希提起峰會時，尤希問他想不想在白宮舉辦一場活動。艾略特不知道自己辦不辦得成這事，但還是不管三七二十一先答應下來。反正之後就會想出辦法來的，他這麼盤算著。尤希在一週後打了電話給艾略特。

「我把活動都搞定了。禮拜五。」

「哪個禮拜五？」艾略特問道。

「下禮拜五。」

「不可能，那時候我人……」

「我們需要在禮拜二中午前拿到所有參加者的姓名和社會安全碼。你就是找到三十五個人出席就是。」

「可是只剩四天，我們要怎樣讓人答應參加？」

「你就跟他們說：白宮叫你來，你就來。」

於是，艾略特開始打電話給峰會早期認識的人，請他們轉介其他創業家，從推特的共同創辦人到薩波斯的執行長等等。艾略特用不能再更官腔的聲音打給這些人：「哈囉！我是峰會系列的創辦人艾略特．畢斯諾。我有個來自白宮的邀請：總統行政辦公室委託我代為召集一群人，希望可以在那裡這樣那樣。」

尤希非常堅持要邀請到環保肥皀品牌美則（Method）的創辦人，艾略特便致電美則辦公室：「你好，我是艾略特．畢斯諾，想找艾瑞克．萊恩（Eric Ryan）和亞當．羅瑞（Adam Lowry），我現在就得和他們的助理聯繫上。」

助理接起電話，「我可以怎麼協助你？」

「我是代表亞美利堅合眾國總統來電，他希望兩位先生下週五能前往白宮。」

「非常感謝您的邀請，但怕這是不可能的。他們下週五預計舉辦一場大型的收費演講。」

「女士，」艾略特壓低了聲音說，「白宮要你去，你就得去。」就這樣，他讓對方取消了收費演講。

直到活動前幾天，艾略特才發現，尤希並不是籌辦出一場非常高檔次的活動。艾略特不想在創業家新朋友面前顯得很蠢，便打到白宮辦公室，在這些資深人員間「散布」一個流言，讓他們發現自己竟沒受邀參與這場「獨家」活動，這麼一來，他們就會也要求到場。艾略特是這麼說的：「我不曉得你有沒有聽說，但全美所有頂尖青年創業家都會來白宮參加，每個有頭有臉的人物都收到邀請了。」

這招果然奏效。促成振興經濟方案的那些人、國家經濟委員會幕僚、環境委員會團隊等，通通都出現在會場。場面熱鬧非凡，最後甚至連歐巴馬的幕僚長拉姆．伊曼紐（Rahm Emanuel）都打給尤希，抱怨為什麼自己沒有受邀。

這次活動進行得非常順利，於是峰會的名聲也開始傳了出去，後來，柯林頓基金會還打電話給艾略特，請他籌辦一場募款會。於是，峰會的工作團隊在華盛頓特區又推出另一次活動，這次足足有七百五十人參與。再下一次的募款會，則在加勒比海的一艘郵輪上舉辦，參加者有一千人。這些活動越來越受歡迎，緊接著的下屆峰會，艾略特跑到太浩湖（Lake Tahoe）的滑雪度假村舉辦。至於現在，艾略特正打算買下猶他州伊甸市的一座私人山峰，將要把峰會社群設在那。

「那時候我大可以告訴尤希：『我覺得這活動辦不成』或『一個月後再辦』，但最後尤希說他想要在禮拜五辦，我們就答應了。我從這件事學到，就算有可能失敗，你還是得放膽一試。不會有最完美的時機，所以當你看到機會時，就要把握住。」

四天後，紐約市

艾略特說，「接下來我要告訴你的事，這世上九九%的人永遠都無法明白。」

這一整週下來，這是頭一次我可以和他獨處，艾略特跟奧斯丁說想和我一對一聊聊。我們在落日餘暉中站在一間屋頂酒吧裡，遠眺著曼哈頓的天際線。

「是這樣的，絕大多數的人都是過著線性的生活，」他繼續說著，「他們上大學、獲得實習機會、畢業、找到一份工作、升官、每年存錢旅遊、繼續努力爭取再升職，一輩子就這樣過。他們的生活是一步一腳印的在過，緩慢而且可預測。」

「但是，成功人士不遵循這種模式。他們過得是次方的生活。他們不會一步一步走，而是跳著走。人們都說，你需要先『付點學費』，累積幾年經驗再出去闖天下、追求你真正想要的事物。這個社會告訴我們這類謊言，說你需要先做完x、y、z，然後才能去完成夢想。這都是屁話。想過次方人生，你只需要徵求一個人的同意，你自己。」

「有時候天上就會掉下次方生活，比方說那些富二代們。但多數情況裡，對像你我這樣的人來說，我們都得靠自己去爭取。假如你想改變世界，或想擁有充滿啟發、冒險和瘋狂成功的人生，那麼你就得抓緊這種次方生活模式，投上自己所有一切，緊緊抓牢。」

我看著他，入迷地點頭。

「你想要這種生活嗎？」他問我。

我脈搏裡的每個細胞都在說：想要。

不過艾略特不等我回答：「好吧，那麼我們現在要進入重點了，」他說，「因為你犯了一個大錯。」

「什麼？」

「你不會永遠是十九歲，也不可能下半輩子都靠從電視節目裡賺來的錢過活。你不要再把時間浪費在爭取這些愚蠢的訪問上頭了。人生到了某個時候，總需要提高標準。我想你已經準備好了。放棄你的任務然後來為我工作吧！」

我沒有回答。

艾略特說：「你聽好，你的任務很不錯，之類的，我不是在批評它，但你不可能靠它吃飯。這個任務帶你走了這麼遠，恭喜你，你得到自己想要的東西了。你之前找不到方向，但現在你已經知道東西南北了，該是時候進入下一個階段了。寫書賺不了錢，要賺錢就要進入商界，我很樂意提供你快速通關券。你就別再排隊，和我一起坐前排吧！該是你一起加入遊戲的時候了。」

「我可以有點時間思考一下……」

「還有什麼好思考的？我付給你的薪水會比你想像得還要多，我還會教你很多你想都沒想過的事，帶你去更多你從不知道竟然存在的地方。」

「這聽起來真是太夢幻了，」我說，謹慎地選擇用字，「但這個任務對我來說很重要，而且……」

「行！不然你把想採訪的對象名單寄給我，我幫你找到他們，然後找個代筆作家把書寫好，這樣你下週就可以開始和我一起工作了。」

艾略特等著我的答覆，但我什麼都沒說。

「如果你不接受這個提案，」他說，「那這就是你人生中最大的錯誤。你說說看有誰提供給你這麼好的機會過？你不需要再苦苦爬著階梯，我會罩你，直接帶你到頂端。你在宿舍裡曾經夢想過得那一切，我現在就可以提供給你。不要再去追那些訪問了，放棄你的任務，來和我一起工作。你說怎麼樣？」

用「不要做」清單成就最想做的事

一天後，伊甸，猶他州

黃色草原和老舊木造小屋從車窗外閃過。艾略特住在一個叫做伊甸的小鎮上，小鎮人口六百人。如果我答應他的邀約，那麼這裡就會是我未來的家了，位在鹽湖城北方一小時車程處，馬路還只有一線道寬。

我不是住小木屋的這款人啊……

我一定是瘋了才會拒絕他，和艾略特一起工作能改變一切……

那天是禮拜五，而艾略特要我在週末假期結束後給他答覆。

車又開了好一段距離，我在某個叉路口轉彎，開上一條很長的車道，也就是這時，我才終於看見一間偌大、莊園等級的木屋。木屋旁是波光粼粼的一座湖，後頭則是茂密的冬青樹林和高聳的山脈。木屋前的草坪跟座美式足球場一樣大。

這裡就是艾略特家。

那天早上我們從紐約分乘不同班機過來。我走進艾略特家，發現他人正坐在大得要命的客廳裡。

「這房子不像真的。」我說。

艾略特露齒微笑：「話別說得太早，你還沒看到我們在山上蓋得那些東西呢！」

他向我解釋，這裡只是暫時給他和團隊居住以及舉辦峰會活動的場所。這週末，他將要招待一百名來賓，他們會住在離這幾公里遠、小一點的木屋。艾略特這時還在試著買下此處北邊十六公里處的粉山（Powder Mountain），並且打算在粉山山背處建造他的創業家烏托邦。

「去找些東西吃，把這當自己家。」艾略特說，在我還沒來得及回應以前，他就離開去歡迎別的客人了。

我走進廚房，隨即被一陣香味擄獲，那味道是如此誘人，讓我從此再也不想踏入學校餐廳了。三名私廚正在陳設好幾盤滿到幾乎快溢出來的食物，有炒蛋、煎蛋、白煮蛋、還在滋滋作響的培根、一疊又一疊鬆軟的藍莓煎餅、成排的焦糖法國吐司、以巨大碗公盛裝的奇亞籽布丁、莓果百匯和淋上橄欖油和喜馬拉雅山岩鹽的酪梨沾醬。還有一個長長的餐檯，上頭覆滿了滿山滿谷的貝果、麵包和自製糖霜肉桂卷；另外一列餐檯則是產自隔壁農場，新鮮採摘下的各類蔬果。我把盤子塞得不能再更滿後，在某個獨自用餐的男人旁邊坐了下來。

這人留了一頭長髮，手臂爬滿刺青。不消幾分鐘，我們就聊得像熟識多年的朋友一樣。我們聊了一小時，他告訴我自己曾在鯊魚出沒的海域衝浪，我們互相交換了聯絡方式，並且約好日後在洛杉磯再見。後來我才知道，他是擁有多張白金唱片紀錄的搖滾樂團，重擊樂團（Incubus）的主唱。

另外一個人也在我們這張餐桌坐下，是MTV臺「互動全方位」（Total Request Live）節目的前主持人。然後，又有個人拉了張椅子坐下，是歐巴馬總統的經濟顧問之一。我只想在這裡吃個早餐而已欸！

我瞄到艾略特從木屋二樓的欄杆旁俯瞰我們，他指著我大喊：「我最喜歡的大學輟學生！」

我抖了一下，感覺外婆的聲音又在我腦海中迴盪：「用我性命發誓」。

不過，當我走到外頭，看到一塊寫著今天活動清單的黑板時，心情就立刻平復了。今天的活動有瑜伽、健行、騎馬、越野單車、排球、極限飛盤、冥想、騎越野沙灘車和高空跳傘。我也可以參加荒野求生專家主講的求生課程，或尬詩擂臺大賽冠軍主持的寫作工作坊。我先衝去加入一場排球比賽，和我同隊的其中一個隊員是神經科學家，我在前一年生物課堂上還看過他在TED大會上演講的影片。接著我跳上一張彈簧大床，一起加入的女生是二〇〇九年的美國小姐。我也去了冥想課，坐在我左邊的人是前職業美式足球員；右手邊則是印第安薩滿巫醫。整個下午，我就這樣跑過來，跑過去；我覺得自己好像是第一天到霍格華茲的哈利波特。

每次只要艾略特看到我沒在跟人說話，他就勾著我的肩膀，介紹我給人認識。我好像待在一部充滿啟發的彈珠臺裡，在擋板間彈來彈去，一分鐘就得到一千分。

這個地方永遠比你以為的還要再多一點。人們的能量更為蓬發，他們的笑聲更有感染力，他們的生涯一個比一個還有趣，故事也越發令人興奮。就連這裡的天空看起來也比較藍。我之前躺在宿舍床上時覺得自己好像要窒息了；但在這裡，我可以呼吸。

日頭漸漸西沉，我們進屋吃晚餐。客廳現在搖身一變成了五星級餐廳，而且還不是普通的奢華，而是像保羅．班楊（Paul Bunyan）經營的麗思卡爾頓酒店（Ritz-Carlton）。冒著氣泡的酒杯安放在樸素的梅森玻璃罐旁，數百根搖曳生光的蠟燭沿著長長野餐桌擺放。我頭上掛著一盞氣勢驚人的水晶吊燈，照亮原本隱身於牆上的麋鹿頭和黑熊。我在一名女士對面坐下，她似乎同時在三場對話間來回，她的熱情充滿電力，我根本沒意識到自己在盯著她看。

「嘿！你，」她說，「我是米琪．阿格拉瓦爾（Miki Agrawal）。」

她以拳頭互碰的方式和我打招呼，然後指著坐在我們旁邊的那個男人：「這是我們家的傑西和班，然後這是我男友安德魯。」我也自我介紹，米琪接著便加快了步調。

「艾力克斯，想聽個瘋狂的故事嗎？我十年前在中央公園遇到正在踢足球的傑西。當時他的工作是教科書電銷，打一通電話賺二毛五。我告訴他，他的智商應該可以做比這更好的工作，大吼他，要他振作一點。那天我們聊了一下，但那之後我再也沒看過他了。結果今天我發現……他成了耐吉公司的高級主管啦！」

米琪兩眼發亮，彷彿故事的主人翁是自己。

「班，你一定要講你的故事給艾力克斯聽！」班正要放下酒杯開講，米琪卻已自顧自地開口說了起來：「這超瘋狂的，班和他朋友都還在唸大學時，覺得人生好像撞牆了，所以就決定列出一張清單，上面寫下一百件掛點前想做的事。接著，他們買下一部麵包車，開始環遊美國，完成單子上的事。還不只這樣喔！每做完一件事，他們就去找一個陌生人，幫他完成一個夢想。班，你快告訴艾力克斯你們做了哪些事！」

班告訴我各種故事：和歐巴馬總統打籃球、在一場職業足球比賽中裸奔、幫人接生寶寶、跑到拉斯維加斯浪擲二十五萬美元玩輪盤，每注都賭黑色。這些歷險持續了好幾年，最後成了 MTV 臺的一個實境秀〈人生玩到掛〉（*The Buried Life*），後來還寫成一本暢銷書。班越是說著追尋夢想多令他感到充實滿足，我就越想到艾略特要我放棄夢想的事。

「我大學畢業後的人生可說是和班恰恰相反，」米琪說，「我在華爾街上班，但我恨死我的工作了。」

「是什麼改變了妳？」我問道。

「九一一。」她回答。

那一天，米琪原本和人約好了在世貿中心大樓的中庭吃早餐和開會，約定好的時間正是北塔被撞上那時。她說：「我這一輩子唯一一次把鬧鐘按掉賴床、錯過開會，就是這天。」

當天數千名不幸遇難的罹難者中，有兩位是米琪的同事。

「這件事打醒了我，你永遠不知道人生什麼時候結束，我覺得如果繼續過著別人想要，而不是自己渴望的人生，那實在太白痴了。」

我覺得自己的身體好像成了拔河的繩索，艾略特的邀約在一頭拉扯著，米琪和班則在另一頭拽著。

米琪說，她一有了覺悟後就立刻辭掉工作，開始著手去做她有興趣的事。她參加過一支職業足球隊、寫了電影劇本，接著在紐約西村開了一間有機、無麩質的披薩店。現在，她正準備創設女性內衣褲品牌THINX，同時還在著手寫書：《作些屌事》（*Do Cool Shit*）。

「艾力克斯，換你講了，」米琪說，「說故事給我們聽！快快快！」

我告訴他們《價格猜猜猜》的故事，他們大笑、歡呼、跟我擊掌。米琪問我任務下一步是什麼，我說為了訪問到比爾．蓋茲，我還在試著找到作家經紀人談成書約。

我說：「到目前為止，我聯絡的每個經紀人都拒絕了我。」

「老兄，我介紹我的經紀人給你。」班說。

「也可以跟我的經紀人聊啊，她一定愛死你了！」米琪說。

「你們認真的嗎？這樣實在太棒……」

叉子敲擊玻璃杯的叮噹聲劃破了空氣。

艾略特站在房間最前面的地方，準備要說祝酒辭。

「在峰會，」他說，「我們有個小小的傳統。我們喜歡在晚餐時花點時間表達謝意，感謝廚師準備食物給我們，最重要的是，謝謝你們每一個人。歡迎來到伊甸！」

我們彼此互碰酒杯，房間裡也爆出熱烈歡呼。艾略特繼續說他想特別感謝其中一位晚餐賓客：提摩西．費里斯。

這時，我才發現費里斯坐在我後頭幾桌遠的地方，艾略特拿起酒杯指向費里斯，說提姆是第一個讓他知道，不用一整天呆坐辦公桌也可以成功的人。原來你可以一邊工作、一邊旅遊、一邊冒險、一邊擴展眼界：「提姆讓我看見，我可以如何重新想像我的人生。」一百雙眼睛都轉向了費里斯，他沐浴在由眾人目光集成的聚光燈下。

「敬提姆！」艾略特大喊。

「敬提姆！」我們也吼回去。

「就如同提姆教導我，在我心中占據了一個特殊位置一樣，」艾略特繼續說著，「今天在場還有一個人也開始擁有類似的地位。就如同我當初寫陌生信件給提姆一樣，這個人也寫了陌生信件給我。」

我開始覺得臉漲紅了起來。艾略特開始說起《價格猜猜猜》的故事，他說得真好，我永遠無法企及。接著，他拿起酒杯指著我。

「在峰會，我們擁抱像這樣的創意，我們給予人能量，這也是為什麼我要特別照顧他，這也是為什麼我很驕傲地歡迎他成為這個社群的新成員。敬艾力克斯！」

成為頂尖人物的祕密

如果說禮拜五時我覺得自己像顆彈珠，那麼到了禮拜六，我就成了一塊磁鐵。

「你就是艾略特昨晚提到的那個小子嗎？」

「你就是那個破解《價格猜猜猜》的人嗎？」

「你跟艾略特認識多久了？」

「你們是親戚嗎？」

「你現在有在進行什麼計畫嗎？」

「我可以幫你什麼忙？」

艾略特不只帶我進入一個全新的世界，他還幫我一腳把大門踹開。

這就是一直以來我所想要的一切，我想著。如果和艾略特一起工作，我就再也不需要離開這裡了。這些人會自己跑來找我，爭先恐後地想幫助我完成任務……

但如果我答應了艾略特，這個任務也不會存在了……

到了星期天早上，我獨自一人坐在餐桌旁，內心天人交戰，毫無胃口。艾略特在紐約說的話在我腦袋中重播著：「如果你不接受這個提案，那這就是你人生中最大的錯誤。」

我越是審慎地考量艾略特的提議，就越感覺到這些話背後帶著的威脅意味。他的語調和銳利的眼神似乎在告訴我：「如果你拒絕我，咱們之間就完了。」

再沒有伊甸，也不會有導師了。

再過幾個小時，我就得離開這趟飛機去了。但我對於該怎麼回覆他仍毫無頭緒。

「早上過得不順嗎？」某個峰會參加者手上捧著一杯咖啡，拉來椅子在我身邊坐下。

「嗯，有一點。」我回答。

這個人身材高挑，有張溫和的臉龐，因為某些後面會提到的理由，我將以假名稱呼他，姑且就叫他丹．貝考克好了。

我發現自己開始對丹滔滔不絕說著內心的掙扎、拉扯，我想自己大概真的太想一吐為快了。

「你覺得我該怎麼辦？」

「我不覺得有任何人可以告訴你該怎麼辦，」丹說，「這是個困難的抉擇。知道正確答案的唯一一個人，是你。不過，我可以分享一個故事給你，或許會對你有點幫助。」

丹拿出一本筆記本，撕下兩張紙給我。

「我為巴菲特工作了七個年頭，」他說，「他教了我很多事，但我認為這是其中最了不起的一個忠告。」

我從口袋裡拿出筆。

丹繼續說：「在第一張紙上面，寫下你想在接下來這一年內完成的二十五件事。」

我開始寫，這些事包括和家人有關的事、身體健康、跟艾略特一起工作、完成任務、想去哪旅遊、想讀哪些書等等。

然後丹說：「如果接下來的三個月裡，你只能完成其中五件事，你會選擇哪五件？」

我把這五件事圈起來。丹告訴我，把這五件事謄到第二張紙上，然後把它們從第一張紙上劃掉。

「現在你有兩份清單，」他說，「在寫了五件待辦事項的這張紙最上面，橫著寫下『優先清單』這幾個字。」

我草草橫寫下這幾個字。

「好，現在在寫了二十件待辦事項的第一張紙上寫下：『不要做』清單。」

「蛤？」

「這就是巴菲特先生的祕訣，」丹說，「為了完成這五件最優先的事情，你得要避開另外這二十件事。」

我看著那五個待辦事項。然後又看看另外那二十件事。

「我懂你要說的，」我說，「但不要做清單裡，有一些是我真的也很想做的事。」

丹回答，「你有一個選擇，你可以把那二十件事做得滿不錯的，或者，你可以把另外那五件事做得超級好。多數人都有很多想做的事，但最後沒有任何一件做得好。如果要說我從巴菲特先生身上學到一件事，那就是『不要做清單』是成為頂尖人物的祕密。」

他繼續補充道：「成功呢，就是為你的渴望排列優先順序的結果。」

我每打包一件衣服收進旅行袋裡，就讓我想起在巴塞隆納的那天，每條褲子都讓我想起在紐約那一晚。我坐進租來的車，駛向艾略特的木屋，發現他正站在前門旁和一名客人聊天。艾略特看到我就結束談話，朝我走過來。

「喜歡你的週末嗎？」他問我。

「太不可思議了，」我說，「我再怎麼感謝你都不夠，還有，我……想我做好決定了。」

艾略特臉上漫開一個大大的微笑。

「我愛死峰會了，」我說，「而且我這輩子從來都沒擁有過像你這樣的導師。可是同時，我也不認為可以接受自己半調子地去做兩件事。我得把一件事做好。所以，我選擇我的任務。」

艾略特繃緊下巴，慢慢低下頭，好像在竭力壓抑怒氣。

「你犯下大錯了。」他說。

不過，他在脫口而出更多話前就把嘴巴閉上。他重重吸了一口氣。「如果這是你非做不可的事……」他開口，「那就是你的決定。不過你做這個決定，讓我更尊敬你了。」他把手放到我的肩膀上，又補上一句：「我希望你知道，這裡永遠是你的家，我愛你，老弟！」

成功無法複製，因為關鍵在於理念

隔天，我回到儲物櫃，覺得整個人煥然一新。我把目光移往牆上那張紙。幾個大字橫跨在紙面最上方，對於我目前的人生來說，沒有什麼話比這幾個字更重要了：「沒有經紀人，就沒有比爾．蓋茲。」

在沒有作家經紀人的情況下，我不可能獲得出版合約；而沒有出版合約，我就無法訪問到比爾．蓋茲。從這趟旅程開始的那天起，我就一直把蓋茲的建議視為我的聖杯，在我看來，沒了他，我的任務就不算完成。

我坐在書桌前收信，想當然耳，又收到一封拒絕的信。我彈開筆蓋，把這個經紀人的名字從名單上劃掉。二十個名字裡，已經有十九個都被我槓掉了。

我看著桌上那堆和出版流程主題相關的書塔，我的確切實地按照這些書裡頭建議的方法去做，和我談過話、給我建議的暢銷書作者的指示，我也全部照辦。

那麼，為什麼沒有用呢？

不過，這次收到的拒絕卻和其他的不太一樣。這次沒這麼痛了。當我把名單上這個經紀人的名字劃上一條橫線時，我覺得自己好像也同時劃掉了弄出這份名單的這個想法。我不需要這張名單！現在我有米琪和班了。

我打給米琪，問她之前的提議是否還有效。

「你開什麼玩笑，」她說，「當然啦！我經紀人會愛死你的。你快飛來紐約一趟。」

「什麼時候方便？」

「現在就去訂機票！還有，千萬別浪費錢住旅館了，你可以睡我公寓裡多的那間臥室。」

然後我又打給班，同樣地，他也說會幫我約時間和他的經紀人碰面。

我買了一張飛往紐約的機票。隔天在出發前，我把那張列著經紀人的單子從儲物櫃的牆上撕下，打算丟進垃圾桶。但不知為何，心中某個聲音要我別這麼做，於是，我把單子摺好，塞進口袋。

抵達甘迺迪機場後，我跳上一輛計程車，直接前往米琪位於西村的無麩質披薩店。我才剛把旅行袋放進休息室，米琪就立刻要我坐下，直搗黃龍。

「你目前跟哪些經紀人聯絡過了？」

現在我知道為什麼當時不把那份名單丟掉了，我從口袋拿出名單。米琪指著最上面的那個名字說：「為什麼只有這個人沒被劃掉？」

「這個嘛！因為她是我最想合作的經紀人。她經紀的書裡面，有二十三本最後都登上《紐約時報》暢銷書榜。她人在舊金山，而且和幾間大型出版社都簽有很多大約，還有……」

「我懂，我懂，但是為什麼她沒有被槓掉？」

「我和她經紀的一個作家談過，問他能否為我引薦，但他要我省點事連試都不用試。他說這個經紀人沒代理他的第一本書，也沒代理提摩西．費里斯的第一本書，如果我連小牌一點的經紀人都搞不定，那我還想騙誰呢？這種大牌的經紀人於我無緣。當然，我還是保持樂觀啦，但我沒有妄想症……」

米琪說：「我們沒有時間留給失敗。」旋即抓住我的手，拉著我朝門口走去。「我們走！我們走！我們走！」她說，「離晚餐尖峰時段還有一小時。」

米琪拽著我走過曼哈頓的街道，在行人間穿梭，快跑跑過十字路口，跳過猛按喇叭的車。當我們抵達她經紀人的辦公大樓時，米琪猛地推開前門，迅速通過櫃檯，走向走廊。一個梳著油頭的助理慌慌張張跳起來，一隻手在空中揮舞著：「米琪，等一下，妳沒有預約！」

米琪幾乎可以說是用踢的踢開她經紀人的辦公室門，把我推進去；她經紀人正坐在堆滿東西的辦公桌後頭講電話，臉色倏地一白。辦公室裡四處散落著紙張，地上也堆了好幾落的書。

「停下妳手邊的事，」米琪對她說，「給我十分鐘。」

經紀人對著手機咕噥了幾句後，就把手機放下。

「艾力克斯，坐下吧，」米琪指著沙發說，「和她說說你的書。」

我做了簡報，吐出每項事實、數據、行銷想法，就像那些作者建議我做的。我用盡所有熱情簡報，面談進行到最後時，米琪對經紀人說，妳一定要代理艾力克斯，而她也點了頭。

她說：「聽起來很不錯，艾力克斯，把你的提案寄給我，我讀過後會儘快回覆你。」

我走出辦公大樓時覺得自己全身發熱。紐約市的人行道一如往常喧鬧，但有這麼一刻，這些噪音似乎都不存在了。

「小老弟，咱們上路囉！」米琪鬼吼鬼叫著。她已走到離街角一半的地方了，而且還在加速遠離。我跑了起來趕上她。

「真是太謝謝你了。」我說，緊跟在她後頭。

「謝什麼謝，」她說，「我比你還年輕時，一群三十多歲的創業家也這樣罩我，為我做同樣的事。世界就是這麼運作的啦，這就叫做『生生不息的共榮圈』。」

你不可能比亞馬遜更亞馬遜

一天後，這個共榮圈繼續大方給予。我被簇擁著走過世界最強大的媒體經紀公司，威廉·莫里斯奮進娛樂公司（William Morris Endeavor）閃閃發亮的磁磚樓面。我覺得大廳經過的每個人似乎都知道，是班幫我安排了這次會談。他的書在幾個月前才登上《紐約時報》暢銷書榜，所以我們在這不需要踢開任何門。

班的經紀人從桌後起身，給了我很溫暖的歡迎。她的辦公室很大，窗外的天際線景觀令人屏息。我們在沙發上坐下，我做了簡報，而由於和米琪經紀人會面的過程很順利，所以我這次的簡報又再加碼：我提出了更多數據、事實，同時更著重於行銷想法。我和班的經紀人談了超過一小時，最後，她一樣請我寄提案來。我心想，這次會談真是不可能再更順利了。

隔天，我飛回洛杉磯，自覺凱旋而歸。當我重回儲物櫃，看著桌上那整疊高聳的書時，突然湧起一股想像職業冰球球員親吻史丹利盃般親吻它們的感覺。

接下來這一週，我寄給米琪和班的經紀人後續的電子信件。米琪的經紀人沒有回音，但幾天後，班的經紀人打了電話給我。

「艾力克斯，跟你見面很愉快，我覺得你很棒，但是……」

總是會有這個但是。

「……但是我覺得我們不適合。不過，我認識一個人，或許她更適合。」

她介紹同事給我，我和她在電話裡聊了一下，不知為何，她竟然當場就說好。我把通話轉成靜音，大聲地歡呼。我覺得擋在通往比爾．蓋茲路上的磚牆好像已被炸藥炸開了。

而且，炸藥還沒有要停止引爆的跡象。再隔一天，我認識的另一名作家又介紹我認識另一個也在威廉．莫里斯公司的經紀人，他也同樣當場就答應了我。

我又訂了一張機票飛到紐約，和那兩位威廉．莫里斯公司的經紀人見面。我不明白為什麼米琪的經紀人還不回覆我，不過在我看來，她遲早也會給我肯定答案的。不管怎麼說，現在輪到我選擇了。

幾天後，我走出紐約地鐵，感受暖陽照在臉上。我把手伸進口袋拿出手機，我收到其中一位莫里斯公司經紀人的電子信件，對方說他代表自己和另一人發信，信的內容基本上大意是這樣：親愛的艾力克斯，很遺憾地通知你，我們必須撤回我們的提議。

顯然，這兩個經紀人都是菜鳥，而因為兩人同時都提供給我合約保證，所以他們只好一起去請示上級，詢問該如何處理這個狀況。判決下來，上級要他們兩人都不要跟我簽約。老闆顯然認為根本不值得花時間在我身上。

我感覺腳下的人行道好像突然被抽走了，我人生中從未感覺過自己是如此一文不值。在那一瞬間我突然被打醒，如果對名單上那十九個經紀人來說我不夠好、對這兩個才剛起步的經紀人來說也不夠好，那麼米琪的經紀人其實打一開始就沒有想簽下我吧！她在會面時之所以對我這麼好，只是因為她不想讓米琪不開心，而不是因為她想和我合作。我什麼都不是，什麼咖都算不上，連回個信給我都不值得。

我回到米琪的公寓，覺得自己徹底被掏空了。我掏出那張寫著經紀人名字的紙，最上頭的那幾個字瞪著我：沒有經紀人，就沒有比爾．蓋茲。我把紙在掌心中揉爛，往牆上扔。

一個小時後，我仍舊癱軟在沙發上，這時手機響了起來。我瞄了一下螢幕，發現是布蘭登打來的。我接起電話，開始大吐苦水，告訴他發生的所有事。

「我真為你難過，老兄，」他說，「那你接下來想怎麼辦？」

「我已經沒有可以做的事了。我做了那些作者建議我做得每件事，書裡所說的一切我也照辦不誤。我已經沒戲唱了。」

布蘭登一直很安靜，然後他開口說：「嗯，或許你可以試著用別的方式。我很久以前讀過一篇報導，我也不記得是在哪看到的，所以也不知是真是假，但我覺得這故事後面的意涵很重要。」

「我知道你想幫我，但我現在真的沒心情聽你講這些東西。」

「但你一定得聽聽這個。」

我咕噥了一下。

「給我一點時間就好，」布蘭登說，「這事大概發生在二〇〇〇年前後。那時候網路開始瘋狂發展，亞馬遜（Amazon）在電子商務競爭中把其他對手殺了個片甲不留。一開始，沃爾瑪（Walmart）的高層也沒想太多，但很快地，亞馬遜的成長開始吃掉了沃爾瑪的獲利。這時高層開始慌了，他們召集了緊急會議，聘請新人、開除一些人、聘用更多工程師，盡可能地砸錢到網站上頭。只不過，這些一點幫助都沒有。所以，他們更努力地模仿亞馬遜，完全照搬他們的策略、試著模仿他們的技術，然後繼續花更多錢。可是，情況仍舊沒有改變。」

「老兄，這跟我到底有什麼關係？」

「媽的，你先聽完好不好，」布蘭登繼續說，「然後有一天，沃爾瑪一個剛上任的高階主管走進辦公室，她環顧四周，試著了解這裡的狀況。隔天，她弄來一張掛布，掛在辦公室裡。過沒多久，沃爾瑪的市占率就飆高了。這張掛布上寫著：你不可能比亞馬遜更亞馬遜（You can't out Amazon Amazon）。」

布蘭登停了下來，讓故事發酵。

「懂了嗎？」他說，「你就像是沃爾瑪。」

「什麼意思？」

「打從你想找經紀人開始，你做的每件事都是在模仿其他人的策略。你跟這些經紀人簡報的方式，一副好像自己也有跟費里斯一樣的強項，但你跟他不一樣，他有平臺你沒有，你也沒有像他一樣的可信度。你們的情況完全不同。你無法比費里斯更費里斯。」

可惡……布蘭登是對的。

從躺在宿舍床上那時起，我就一直執著於研究成功人士的途徑，雖然這也是很不錯的學習方式，但我無法用這種方式解決每個問題。我無法複製貼上別人的劇本，期待在我身上也有一樣的效果。他們的劇本之所以奏效，是因為那是他們的劇本；切合他們的優勢和他們的環境。我從沒好好認真檢視自己，思考自己的優勢為何、環境如何。讓別人無法比艾力克斯更艾力克斯是什麼意思？**當然，有時候你需要研究哪些方法對別人有用，但也有時候，你得全神貫注於那些使你獨特的事情上**。而為了要能這麼做，你得先了解是什麼東西讓你之為，你。

那天深夜，我怎樣都睡不著。裹著棉被翻來覆去，想著布蘭登告訴我的這個故事。

你無法比亞馬遜更亞馬遜……

時間悄悄流逝，但不論我做什麼，腦子都沒辦法停下。大約到了凌晨三點時，我爬下床，走到房間角落，找到那張被我揉得皺巴巴的經紀人名單。我攤開這張紙，盯著名單上最上面的那個名字：在舊金山的那個經紀人。

管他的，反正我也沒有什麼好損失的了。

我抓過筆電，開始寫信給她。這次，我沒有再搬出之前寫給其他經紀人的那些話，而只是寫下我之所以相信這趟任務的原因。我說，我真是受夠出版界和這些遊戲了。我告訴她我的故事，也說我覺得我們倆人聯手可以一起改變這個世界。我寫了一段又一段。最後在主旨欄，我寫下：「我在凌晨三點的思緒」。我再讀了一次這封信，覺得看起來實在很像一封青少年的情書。但我還是把信寄了出去。

我並不期待獲得任何回應。但一天後，她回信給我。

打電話給我。

我打了過去，而她在當下就答應當我的經紀人。

謝家華：你想要什麼，就要開口說！

我從米琪的衣櫥裡拉出我的旅行袋，開始打包。

「等等，等等，等等！」米琪說，「你要去哪？你還不能走啊！」

「我的班機再幾小時就要飛了。」我說。

「不准！你把班機時間改一下，你不能錯過阿瓜瘋狂趴！」

「阿瓜瘋狂趴」是米琪在她朋友位在紐澤西的家裡舉辦的夏令營，有各種不同主題的扮裝派對。

「我很想參加，」我說，「但我覺得不應該去。」在和經紀人討論過後，我發現我得完全重寫書籍提案，而我想儘快完成這件事。

「小老弟，你去把班機時間改一改，就這樣。」

「但是……米琪，嘿！米琪……」

隔天早上，我在米琪朋友家的沙發上醒來，紐澤西的陽光從窗戶灑落進來。客廳另一頭，我看到米琪正和一個頭髮剃得精光、穿著深藍色薩波斯T恤的男人講話。我揉揉眼睛，摳掉眼屎，這就像在聖誕節早上看到聖誕老公公一樣。站在離我三公尺遠之處，那個正在和米琪說話的人，就是薩波斯的執行長，謝家華。

深呼吸……深呼吸……

艾略特告訴過我，你只能選擇當朋友或粉絲，不可能兩者皆是。所以，我試著保持冷靜，想著好幾種自我介紹的方法。但我想太多了，到最後反而一句話都說不出來。

我從玻璃自動門走出去，後院寬廣到大家需要使用高爾夫球車四處移動。派對開始後，我陸續參加了跌跌撞撞地兩人三腳賽，然後在丟雞蛋比賽裡獲得第二名。在下一場比賽開始前，我們幾個人往中庭移動，想找些東西吃。我們站在一支橘色大陽傘下面，這時謝家華剛好走了過去。沒有人，包括我在內，忍得住不偷偷瞄他一眼。

幾分鐘後，謝家華又走到附近，只不過這一次，他停下腳步加入了我們。他一隻手拿著寫字板，另一隻手拿著紫色馬克筆。

「你有什麼願望？」謝家華問站在我右邊的那個人。

「蛤？」

謝家華揮揮手中的寫字板：紙的最上面一行寫著「許願單」三個大字。

「你沒聽說嗎？」謝家華說，「今天我是大家的神奇仙子。」

他說這話時臉上毫無表情，所以我們花了點時間才意識到他是在開玩笑。米琪後來告訴我，謝家華就是這樣，臉像石頭做的、眼睛像玻璃做的。他永遠都是擺出一張無懈可擊的撲克臉。

「我想要瞬間移動能力。」那個男生說。

「行，」謝家華回答，「你可以瞬間移動到距離那裡三分之二遠的地方。」

他指著寫字板最下面的地方，上面寫著：「願望實現後，將收取一五%的服務費。」

謝家華說：「與起說是神奇仙子，我可能比較像『願望代理人』喔，嘿！小仙子也得討生活吧！」

他轉過身來，問我有什麼願望。我試著想出一些有趣的回答，希望能搏得他的好感，雖然一部分的我想直接說出腦中第一時間想到的事。但我不能提出這個要求……他會覺得我很惹人厭。而且假如米琪生氣的話怎麼辦？而且……幸好，我現在已經知道這是怎麼一回事了，這是「糗糗」偽裝成「邏輯思考」的樣子。我呼了自己一個心理巴掌，然後逼自己把話說出口。

「我想當一天薩波斯的執行長。」

謝家華沒有回答，也沒有把我的願望寫在寫字板上。他只是瞪著我看。

「呃，」我試著解釋，「就是我跟著你到處跑，看看你一天是怎麼過的。」

「哦，你想要當我的影子？」

我點點頭，謝家華想了一下。

「好啊……沒問題，」他說，「那你想要什麼時候？」

「這個嘛，再過兩週就是我的二十歲生日了，不然就那時候？」

「酷！既然是你生日，那就讓你跟兩天！」

動機沒有好與壞，但不要欺騙自己

晚餐時間後的幾個小時，扮裝派對也差不多要開始了。我經過廚房時看到謝家華，他打扮成泰迪熊，正和《史都華今日秀》（*The Daily Show with Jon Stewart*）裡的「資深中東特派員」阿西夫・曼迪維（Aasif Mandvi）聊得不可開交，阿西夫裝扮成鄉下大老粗的樣子。我無意中聽見阿西夫說自己正在寫一本書，希望謝家華給他一些行銷建議，我就過去加入他們。

「這個啊，可以運用的策略是很多，」謝家華說，「但在了解你寫這本書的用意之前，我也還沒辦法告訴你哪個方法最有用。你最終的目標是什麼？」

阿西夫皺起了眉。

「大部分的人都不曾花時間捫心自問做這些事的原因為何，」謝家華繼續說，「就算他們確實問了，多數人也都只是在騙自己而已。比如說在寫《想好了就豁出去》時，我自己心底知道，動機裡絕對有一些虛榮和自我膨脹的成分在。能跟爸媽說我的書登上《紐約時報》暢銷書排行榜第一是滿爽的。所以囉，這是我的動機之一。另外還有……」

聽到這些，我不太知道自己是震驚還是困惑。我一直以為虛榮和自我膨脹是壞事，我絕不會用這些字眼形容自己。然而謝家華卻這麼做了，而且不帶著任何羞愧或遲疑，他的臉一如往常沒流露出任何情感。

「自我膨脹當然不是什麼健康的事，」他繼續說，「但更糟糕的，是明明有卻自欺欺人說沒有。在開始思考行銷策略前，要能覺察表面下驅策自己的動機。不要去判斷這些動機是『好』或『不好』的，只要問問自己為什麼要做這些事。一旦知道自己最終的目的後，要決定正確的策略就變得很容易了。」

謝家華解釋說，擁有想寫一本暢銷書的虛榮想法，並不會因此就減損其他動機，想啟發年輕創業家或教導年輕人如何創造出強而有力的公司文化等。這些動機可以同時存在。隨著談話進行，越來越多人聚集在廚房聆聽，我花點時間讓自己的心靈往後退一步，讚嘆著正發生的這一切，看看我，打扮成變色龍牛仔「飆風雷哥」（Rango）的樣子，屁股黏上一條尾巴，頭上戴了一頂牛仔帽，聽一隻泰迪熊跟一個鄉下俗說該怎麼操作一本書。

「書發行後的頭三個月是最重要的，」謝家華說，「因為我的終極目標之一就是讓它成為暢銷書，所以前幾個月裡我四處演講：商業會議、大學講堂，任何地方。我買了一部露營車，外殼全部貼上書的封面，然後花三個月四處巡迴。」

「那三個月是我人生中最累人的一段時間，」他說，聲音平板不帶感情，「我一整天都在演講，晚上就開車移動。為了散播這些種子，我把所有能做的事都做盡了；即便如此，我也不可能同時出現在所有地方。所以，我把好幾箱的書寄去各種活動和會議現場，希望書裡頭的訊息可以傳達給大家。」

「老實說，」他補上一句，「我也不知道到底有沒有人讀到這本書，也不知道這麼做到底有沒有差。」

我得告訴他……然而，彷彿有艾略特的背後靈站在我後面說：別傻了，如果你告訴他，他就會永遠把你看成是粉絲。但在那個時刻，我知道，我得做自己。

「家華，」我說，「我大一那年曾經去某個商業會議當義工，你也寄了好幾箱書到那裡。在那之前我從沒聽過你的名字，也根本不知道薩波斯是啥，但大會工作人員四處分送這本書，所以我也拿了一本回家。幾個月後，當我經歷人生最不容易的一段時間時，我拿起你的書看，然後就再也無法放下這本書了。我那個週末就把整本書看完了。我讀到你是怎麼實現夢想，這讓我覺得我也可以實現夢想。」

「如果你沒有寄書到各個地方去，」我繼續說，聲音顫抖著，「那我也不會開始做現在正在做的這件事。你的書改變了我的人生。」

廚房裡的每個人都愣住了。

謝家華一語不發，看著我。然後他的表情柔和下來，閃著淚光的雙眼比任何話語所能表達得都還更多。

跟著謝家華當影子CEO

兩週後，拉斯維加斯市區

我扯開聯邦快遞的箱子，拉出一件深藍色的薩波斯T恤。對其他人來說，這不過是一塊布而已，但對我來說，這可是超人披風。

謝家華安排我住在他公寓大樓裡的某間房，我才剛剛睡醒。我把衣服穿好，抓起背包，走下樓，樓下等著我的是薩波斯的公司車。車順著路轉來轉去，十分鐘後，我們就抵達了薩波斯的總部。

我經過門口時，看到接待處的旁邊放了一臺爆米花機，沙發旁則是一臺跳舞機，牆上釘了好幾百個被剪下來的領帶。一個助理帶著我沿走廊到達工作區域，比起大廳，辦公桌們的裝飾更是瘋狂。其中一個走道被如雪片般的生日快樂掛布蓋住；另一條走道有聖誕燈飾閃爍著；下一條則有一個三公尺高的充氣海盜娃娃。謝家華坐在一張擠滿東西的辦公桌後頭，他這區的主題顯然是雨林。他整個人縮在筆電前，一看到我，就示意我拉張椅子坐下。

我向他道了早安，他助理靠過來小小聲地說：「你遲到五小時了，他早上四點就起來了。」

謝家華闔上筆電，站起身，要我跟著他。我們沿著鋪有地毯的走廊走向今天要開的第一場會議。我亦步亦趨地跟著他黑皮鞋踩出的路徑，保持在他身後不到一公尺的距離。我可以感受到自己很小心翼翼地踩著腳步。雖然謝家華一直對我很親切，但我仍然覺得自己配不上這地方。一部分的我有些害怕，怕就算我只是犯了很小的錯，他都會立刻要我滾回家去。

我們到了會議室，我看見後頭放了一張椅子，我就朝它走過去。謝家華看到我要走過去就把那張椅子踢走，指著在他身邊的那張椅子。接下來去另一個會議室開另一場會時，謝家華又再次要我坐在他旁邊。之後的會都是這樣。到了近中午的第四場會時，不需要他指，我就自動自發地坐在他旁邊。

在和公司的經銷商開完午餐會後，謝家華走進大廳，我跟在他後頭。他轉過頭來問我：「你有什麼想法？」我結結巴巴地說了一些想法，他未做任何回應，只是安靜地聽，然後點頭。下一場會議結束後，他又再次撇過頭來問我：「你有什麼想法？」謝家華就這樣一次又一次地詢問我的意見。

窗外天色漸暗，辦公室也人去樓空。我們結束了最後一場會議，謝家華又問了我的想法。但這一次他不需要再轉頭，因為我已經不在他身後了。現在的我和他並肩走著。

隔天早上，我又穿上另一件薩波斯T恤，直接下樓去，謝家華的司機正等著我。我們穿越整個市區，抵達一個可以容納兩千人的演講廳，謝家華正在準備一場全公司一起參與的集會。他兩小時前就到這裡了。

我到了會場後，花了一整個早上在後臺看謝家華演練彩排。他呈現的方式大概介於企業主題式演講和高中運動比賽前的打氣大會。幾個小時後，燈光暗了下來，布幕打開。我和謝家華的父親一起坐在前排，觀賞這一切發生。

這天接近尾聲，我正要離開會場時，一個薩波斯的員工在門前把我擋了下來。他說，他前一天中午就看到我一直跟著謝家華，他說他在薩波斯已經工作幾年了，最大的夢想就是可以跟著謝家華過一天，他問我怎麼可以這麼幸運。他懇切的眼神對我來說並不是太新鮮，因為前一天也有其他幾個薩波斯的員工用同樣的眼神，很希望自己可以跟我一樣的眼神看著我。

當晚我去找謝家華告別，再次為過去兩天的一切感謝他。

「喔！對了，我知道這聽起來有點怪，」我說，「但你怎麼不讓你的員工也有機會跟著你過一天呢？」

他看著我，臉上不帶任何表情地說：「我很樂意啊！但從沒有人這麼問過我。」

向灰色地帶說掰掰，做你自己吧！

兩週後，儲物櫃

我不停踱步，目光不時瞥向桌上的手機。我知道我應該主動打電話過去，但我就是無法。回憶裡的一個畫面不斷閃現在腦海。

「你會休學嗎？」艾略特這麼問過我。

「你聽到我說的了。」

我最不希望和他討論這件事了，然而同時我又隱約覺得，他是唯一一個能和我談這件事的人了。我伸手去拿電話。

「嘿，老弟，怎麼啦？」

「艾略特，我需要你幫忙。」

我告訴他，我的經紀人說下個月是向出版社簡報這本書的最佳時刻，意思就是說，我得在那之前重新改寫這本書的提案。但大三學期即將在一週後開學。

「所以問題是？」艾略特問。

「我知道如果回南加大唸三年級，所有的作業、考試會一個接一個來，我不可能即時完成重寫提案這件事。所以，我想我知道自己得做什麼，但我實在不想看著我爸媽的眼睛，告訴他們我要休學。」

「喔，喔，喔。你沒有要休學啦！」

等等……什麼？

「那些聰明的傢伙都沒有真的休學啊，」他繼續說，「這是個迷思。比爾．蓋茲和馬克．祖克柏不是像你以為的那樣休學。你去研究一下就會懂我在說什麼了。」

我們掛上電話後，我的手指來回滑過書架上的書，最後抽出一本還沒看過的書：《臉書效應：從0到7億的串連》，內容是關於臉書的早期發展情況，而且裡頭提到的內容可是經過事實核對。我在第五十二頁找到我要找的東西。

在祖克柏升大三前的那個夏天，他正在帕羅奧圖著手進行兩個副專案，其中之一就是一個叫做臉書的網站。臉書在七個月前就已開站營運。到了夏季季末時，祖克柏把自己的導師尚恩．派克（Sean Parker）拉到一旁，請他給點建議。

「你覺得這網站做得下去嗎？」祖克柏問尚恩，「這會不會只紅這麼一陣子，然後之後就過氣了？」

臉書當時已擁有近二十萬名用戶，即便如此，祖克柏還是擔心它的前途。我感覺似乎有些眉目了，但還不確定究竟是什麼。

我拿出筆電，打算進一步挖掘。花了好幾小時在YouTube上觀看祖克柏的訪問後，我終於找到一段可以提供給我更多線索的受訪影片。在大三學期即將開學的前幾週，祖克柏和創投基金經理人彼得．提爾（Peter Thiel）希望能為臉書籌募到投資基金。提爾詢問祖克柏是否打算輟學，他說沒有，自己還打算再回學校繼續念大三。

在開學前夕，臉書的共同創辦人兼祖克柏的同學達斯汀．莫斯科維茲（Dustin Moskovitz）想出一個更實際的做法。莫斯科維茲告訴祖克柏說：「你知道嗎？我們以後會有很多使用者，伺服器數量也一直在增加，但我們卻沒有負責營運的人，這的確很不容易；所以，我不認為我們可以一邊做這個一邊應付整學期的學業。我們何不先暫停一學期，試著讓網站先上軌道，然後春季學期再回來上課？」

原來艾略特說的就是這個。

當初我在看《社群網戰》這部電影時，總想像祖克柏是個叛逆小子：中途輟學、朝空中比了一個大大的中指，頭也不回地離開學校。電影從沒演到他懷疑臉書未來發展的片段；也沒有演到他謹慎地評估先休學一個學期。

這麼多年以來，我只看到報章標題這麼寫著：「中輟生蓋茲和祖克柏」，所以我自然而然地假設他完全不拖泥帶水地決定從大學輟學。報章標題和電影總是非黑即白，但現在我明白了：真實從不是非黑即白，它們是灰色的，全都是灰色的。

如果你想了解事情全貌，你就得更深入挖掘；你不能只依賴報章雜誌的標題或推特，只用推特發文限制的一百四十個字，是無法足夠清楚地描繪出灰色地帶。

我又抓起一本關於比爾．蓋茲的書，然後在第九十三頁處，又出現了我要找的內容。

蓋茲也不是一時興起決定從大學輟學的。他在大三那年先休學了一學期，全職在微軟上班。而當公司還沒完全上軌道時，蓋茲就重回學校上課。又一次，沒任何人提到這件事。又過一年，蓋茲再次休學一學期，而隨著微軟的發展漸漸起飛，他又跟著再休了一個學期。

關於冒險這件事，或許最困難的部分並不在於是否要冒險，而是在於何時該冒險。究竟需要多少動能才足以成為輟學的正當理由，這樣子的事從沒個確切標準。當你在做重大決定時，它很少有看起來清楚明白的時候，只有當你回頭看時，它們才顯得清清楚楚。你所能做的，就是小心翼翼地，一次踏出一步。

雖然從南加大輟學這個想法對我來說有些難以接受，不過，仍然保持在學狀態，只是先休學一學期的這方案，聽起來卻完美非常。我開車到學校，和學業導師談了一會兒，她給了我一張上頭寫著「南加大休學申請」的綠色表格，上頭說，我在七年內可以隨時復學。

接著，我忙不迭地趕回家想跟父母分享這個好消息。

為什麼學校只能有一個樣子？

「休學一學期？」我媽對著我大吼，「你是頭殼壞去了嗎？」

她正在廚房切番茄。

「媽，這真的沒有妳想得這麼嚴重！」

「有，它比你想得還嚴重！我認識你的時間比你認識自己還久，我知道你一旦離開學校，就絕對不會回去了！」

「媽，這只是……」

「不准！我兒子不可以變成大學中輟生！」

「這上面又沒說輟學，」我搖晃著這張綠色表格一邊說，「這是休學申請。」

她更用力地切著番茄。

「媽，妳要相信我，艾略特跟我說……」

「我就知道！我就知道又是艾略特在搞鬼！」

「這跟他一點關係都沒有！我喜歡唸大學，但是……」

「那你為什麼不能乖乖待在大學？」

「因為我得搞定出書這件事。我只要能順利得到出版合約，比爾・蓋茲就到手了，一旦他加入，就是這個任務的轉捩點，接下來我想採訪的每個人都會願意參與了。我得搞定這件事！」

「假如你搞不定呢？或甚至更糟，假如你根本沒有意識到自己根本做不到？如果你試著談成書約，但最後沒成，可是你還是一直試、繼續試、不斷試，然後好幾年後，你終於決定放棄回學校唸書，結果到時候他們不願意收你回去，怎麼辦？」

我跟她解釋了這個七年內隨時可復學的規定。

我媽瞪著我，牙關緊閉，然後像暴風一樣氣沖沖地離開。

我走進房間，甩上門。然而，當我癱倒在床上的那一瞬間，腦中有個聲音這麼說著……如果我媽說的是真的呢？

通常，當我和媽媽為某件事爭論不休時，我都會打給外婆；但現在，那可是我最不想做的一件事。光想到要打給外婆，就讓我的五臟六腑糾結了起來。

我曾經以外婆的性命起誓說我絕不會輟學，我怎能說話不算話？但如果要守住這個誓約，我就無法忠於自我。我發誓那時壓根還不知道人生會走到這一步。這時，丹在峰會給我的建議跑進了腦袋：成功，就是為你的渴望排列優先順序的結果。

但我該怎麼排列優先順序？**家庭當然是最重要的，但要到什麼地步我才可以停止為別人而活，開始為自己而活呢？**這些壓力拉扯著我。當晚，恐懼和迷惘的我打了電話給艾略特，但他完全就事論事，口氣不帶任何感情。

他說：「我跟我父母也經歷過一樣的事，但就是那時我才恍然大悟：學校為什麼只能有一個樣子？好多年前我聽過肯伊（Kanye）的一首歌，裡面有段歌詞是這麼說的……

告訴他們我和學校說了掰掰，開始自己的事業他們問我：「喔！你畢業了嗎？」

不，我只是決定要說掰掰了。

「學校你試過了，」艾略特說，「現在該是時候讓你做自己了。現在該是說掰掰的時候了。」

接下來那週的每一天，我都坐在客廳裡試圖讓父母對我休學的決定釋懷。然而，可以交出休學申請表格的最後截止日已然來臨。距截止時間還有三小時，放在房裡的那張表格我都填好也簽上名，只等著到學校繳交了。

我越是盯著床上的那張表格看，就越覺得恐懼在血管中流竄。雖然艾略特的建議很有幫助，但我不過跟他在電話裡聊了二十分鐘，哪比得上和我相處了二十年的媽呢？一部分的我覺得媽媽或許是對的，搞不好十年後，我確實成了一個有妄想症的傢伙，不但沒獲得出版合約，也沒有大學文憑。雖然我知道有七年時間可以復學，而且艾略特也要我別擔心，但我依然覺得自己可能正在做出人生中最錯誤的一個決定。

我正綁鞋帶時，家裡的門鈴響了起來。我把綠色表格收進口袋，抓起車鑰匙，往門口走去。我轉開門把，打開門。

是外婆。

她站在門前臺階上，顫抖著，眼淚從她臉龐滑落。

Step 4

在泥濘中掙扎前進

拒絕、拒絕，還是拒絕

我把自己鎖在儲物櫃裡，用我可以有的最快速度重寫書籍提案。我沒和朋友聊天、也沒和家人見面，每晚只睡三到四小時。當我閉上眼時，眼皮內層彷彿刻上了一個影像，不停地出現我的外婆，眼淚從臉龐滑落。

陸奇告訴過我，他在創立雅虎購物時一晚只睡兩個小時，那時我心想著怎麼可能辦到。現在我可知道了。

我的經紀人說，重寫提案要花大概三十天，但我八天就完成了。當你退無可退時，就會知道自己多有潛力了。我把一百四十頁的文件檔寄給她，祈禱她能施展些魔法。接著，在交出休學申請書僅僅十一天後，我就獲得了出版合約。

我立刻和爸媽分享這個消息。然而即便是我爸，這麼愛慶祝的人，也只能擠出一個微笑，我看得出來，休學這件事帶給家人震撼。我得把這消息告訴某個我知道也會和我一樣興奮的人才行。於是，我打給了艾略特。

「真假，」他說，「怎麼可能，你在騙我吧！」

「真的啦！」

「哇哩咧！你辦到了！真的成了！老弟，你真是超新星！」

我從沒聽過艾略特用這種方式跟我說話。

「這真是太瘋狂了，」他繼續說，「那你接下來要做什麼？」

「現在是去搞定比爾．蓋茲訪問的時候了。」

「真是太殺了！你覺得要花多少時間才能聯絡上他？你會在他辦公室訪問嗎？還是可以去他家？會是你們兩個一對一訪問嗎？還是會有其他一堆公關一起？」

「老兄，我都還沒跟幕僚長說這個消息呢！」

「等等，」艾略特說，「這封信一定要寫得很完美。」

接下來一小時，我們兩個一起擬草稿。信中我並沒有直接地問，因為我認為這應該是明顯得不能再更明顯了。按下寄出鍵前，我想到兩年前的自己是怎樣躺在宿舍床上，幻想跟著比爾．蓋茲學習會是怎樣。現在萬事終於俱備了。

一天後，幕僚長的回覆出現在我的螢幕上。我覺得好像有一隊福音唱詩班踏進儲物櫃，大唱著「哈利路亞」！我想打給艾略特，兩人一起讀這封信。但我實在等不及了，所以就把信點開：

嗯，真是個很棒的消息。恭喜你！

我按著往下的箭頭，想尋找其他文字。但真的就只有這樣。顯然，我的電子信件策略不管用，但我可不會這樣就打消念頭的。我又寫了一封信給幕僚長。過了一週，什麼消息都沒有。我告訴自己，他一定還沒看到我的信，所以我又寄了第三封信。我開始慢慢明白他的沉默代表的意義。拒絕！不只是拒絕，他現在連跟我說話都不願意。

唱詩班不再歡唱，他們把包袱款款，悄悄溜出了門。

被改變吞噬的自己

我跟出版社拍胸脯保證會約訪到比爾．蓋茲，可現在這事根本沒成。我的經紀人會說什麼？之前我信誓旦旦跟父母說只要休學，訪問到蓋茲就像是探囊取物，現在我又該怎麼跟他們解釋？我讓家人、經紀人失望、還對出版社扯謊，王八蛋三連發。

我慌亂地在儲物櫃裡想著自己還剩下什麼選項。好吧……如果約不到比爾．蓋茲……那找比爾．柯林頓好了。如果柯林頓也約不到，那就去找華倫．巴菲特。我可以請丹幫忙。而且，巴菲特跟蓋茲很麻吉，所以如果我訪問到巴菲特，他應該可以介紹我給蓋茲。這樣我根本就不需要幕僚長了！

之前我寄信給人邀請他們接受訪問，然而大多數時候我都不知道自己在幹嘛。可是現在，我覺得自己比較有經驗了。我越想像著後續的步驟，心中就越篤定起來。我在峰會認識的一個朋友認識歐普拉，所以歐普拉沒問題。峰會認識的另一個朋友是祖克柏的員工，搞不好她可以幫我引薦祖克柏。然後艾略特和女神卡卡的經紀人是朋友，所以卡卡一定萬無一失。

我下載了女神卡卡、巴菲特、柯林頓、歐普拉和祖克柏的照片，把它們剪貼、排列在同個頁面中，接著印出十二張。我把這些照片貼在書桌旁、牆上、床的正上方還有汽車儀表板前。

後來回頭再看，我才知道自己被這些改變吞噬：我休了學，覺得自己完全孤立無援。而且，我還讓周圍每個人相信這個現在其實正四分五裂的夢想。我很害怕被人看成是騙子，也羞於被視為失敗，所以亟欲做任何能拯救面子的事。諷刺的是，這股絕望感反而促使我說了更多謊，也更加失敗。

「現在的動能強到不能再更強了！」我在電話裡這麼告訴艾略特，「我確信比爾．蓋茲的幕僚長隨時都會回信給我。既然現在萬事順利，那麼也是來爭取其他採訪機會的最好時機了。你能介紹我認識女神卡卡的經紀人嗎？還有，你不是說認識巴菲特的孫子和柯林頓的助理嗎？」

這麼誤導艾略特讓我深感抱歉，但當我一小時後看到這封給女神卡卡經紀人的介紹信躺在我的收件匣裡時，這股歉意便舒坦了許多。我探詢採訪的可能，經紀人回覆了我，答案是「不」。

艾略特和柯林頓的辦公室聯絡。

又是拒絕。

艾略特介紹我認識巴菲特的孫子。

此路不通。

峰會認識的一個朋友帶我去參加一場派對，在那我認識了巴菲特的兒子。

沒有用。

峰會認識的另個朋友介紹我認識巴菲特的某個商業夥伴。

又一次，我遭到了拒絕。

峰會認識的第三個朋友介紹我認識歐普拉的公關團隊。我向他們解釋了這項任務，他們愛透了，要我寫一封署名給歐普拉本人的信。他們把這封信轉給初級公關團隊階層，通過。第二和第三階層的公關部門也通過了。最後，這封信來到歐普拉的辦公桌上，但……她的答案也是「不」。

害怕失敗的恐懼就像手一樣，環繞著掐上我的脖子，切斷供給大腦的血流。唯一一件能使我不致於窒息的事，是知道我最後還藏有一招。

該是時候打電話給丹了。

丹看起來是我能接觸到巴菲特最顯而易見的途徑了。在峰會他分享給我「不要做清單」的那頓早餐後，我們成了很好的朋友，每週都會講一次電話。不過每次在談話時提到巴菲特，他似乎就會變得很不自在。我想，這應該是因為他非常保護前老闆所致。當初之所以決定透過艾略特的人脈接觸巴菲特，是因為覺得這比較容易，但現在，丹是我僅存的希望了。

不過，我並未誠實透明地告訴丹我的意圖，而是打電話跟他說：「老兄，我想你了！我們什麼時候一起聚聚？」他提議我週末飛去舊金山到他的遊艇上見面。我立刻就答應。

幾晚後我降落在舊金山。計程車停靠籠罩在濃霧之中的小船塢，丹住在船上，而他的船就停泊在這。他把我的旅行袋丟進船裡，然後帶我享用舊金山灣邊的奢華晚餐，飯後又帶我去他最喜愛的咖啡店聽樂隊現場演奏。隔天早上，我們在一個綠草如茵、有著緩坡的公園玩飛盤。在這兩天裡，丹帶我環遊整個市區，把我當成家人一樣。

我們相處的這些時間中，我隻字未提巴菲特。我是這麼想的：只要我和丹越親密，那他就越可能答應替我引薦。我覺得自己好像心懷不軌的業務，等著對新客戶丟出購買的請求。只不過，對象可是我的朋友，也因為這樣，我感覺糟透了。

現在，我快沒時間了。待在舊金山的最後一天，起床後，我確認手錶上的時間，離出發去機場的時間還有兩小時。我朝甲板走去，丹和他女友閒散地坐著欣賞金門大橋的景致，兩人手上都拿著裝著咖啡的馬克杯。

和他們聊了一下天後，我的目光再次瞥向手錶，離非走不可的時間還剩下半小時。我還沒開口要丹為我引介。

「丹，你能幫我看一下這個嗎？」

我拿出筆電遞給丹。當丹意識到螢幕上的內容是我草擬寫給巴菲特的信時，他瞇起了眼睛。他繼續往下讀，一分鐘後又重頭讀了一次。

「艾力克斯，」他說，「這……寫得真是太棒了。巴菲特先生一定會很喜歡的。」

我一語不發，希望丹能自己開口提議打給巴菲特，促成這件事。

「你知道嗎？」丹說。

我傾身向前。

「你應該把這封信列印兩份！」他說，「其中一封寄去辦公室；另一封寄去他家！」

丹的女友放下馬克杯，也伸手去拿筆電。「我也來看看。」讀完信後，她看著丹。

「親愛的，這實在太棒了。你何不直接寄給華倫就好了？」

「這會改變我的人生。」我說。

丹的視線從筆電移開，在女友和我之間迅速來回。

他還是不發一語，過了一會後開口：「沒問題，艾力克斯，把信寄給我，我會轉傳出去。」

丹的女友在他臉上親了一下。

「如果這樣還不管用，」他加上一句，「那我會跟你一起飛去奧馬哈，親自跟巴菲特先生說！我們要一起讓這件事成真，艾力克斯。要不了多少時間你就會得到這個訪問的。」

巴菲特之所以偉大，在於他的選擇

離開丹的船之前，他提出一點看法：如果我把信寄給巴菲特，而他馬上答應的話，我就沒時間準備採訪了。所以，我決定暫緩寄出這封信，回家先好好研究一番再說。

我已經知道很多家喻戶曉關於巴菲特的事：他是歷史上最成功的投資者，也是全美第二富有的人，但是，他並不住在紐約，也沒在華爾街上擁有一間大辦公室。他出生於內布拉斯加州的奧馬哈，並且從彼時至今，都在當地營運波克夏海瑟威公司（Berkshire Hathaway）。我有次在電視上看到，世界上成千百萬的人每年都會到奧馬哈「朝聖」，參加柏克夏海瑟威公司的股東會。這些人景仰他，甚至可說愛戴他，這也是為什麼當我回到儲物櫃，盯著那本巴菲特八百頁自傳封面上他的臉時，我會覺得自己好像也即將要加入這個大家庭。

更湊近看他和緩的皺紋和毛茸茸的眉毛，我不禁感受到一股暖意。巴菲特的眼睛似乎閃爍著美國中西部人特有的魅力。越盯著他的照片瞧，我就越覺得照片似乎有了生命，動了起來，就像巴菲特正朝著我微笑，眨眼，揮手，對我說：「艾力克斯，請進！」

我把書攤在桌上，開心地開始讀了一頁又一頁。既然現在丹會幫我弄到訪問機會，壓力也就被釋放了。我讀得津津有味，幾乎沒注意到已經過了一小時。以前我在學東西時從來沒有過這種感受。在唸大學時，各種考試、功課，讀書感覺像是在吃藥一樣；但現在，卻像在喝紅酒。我白天時讀巴菲特的傳記，晚上就聽和他有關的有聲書，深夜時則觀看他的 YouTube 影片，希望完全吸收他的所有寶藏。

「我都這麼告訴大學生：當你到我這個年紀時，那些你希望可以喜愛你的人真的喜愛你，就表示你成功了。

「不論你多有天分或多努力，有些事就是需要時間。就算你能在一個月內讓九個女人懷孕，也不可能一個月就生出一個寶寶。

「我很堅持幾乎每天都要花很多時間只是坐著然後思考。這在美國商業界是非常罕見的事……也因為我閱讀和思考得更多，所以比起商業界的其他多數人，我更少下衝動的決定。」

我對財金向來所知甚微，也不認為自己對這有啥熱情，但巴菲特解釋財金的方式有種魅力，完全吸引了我。

「讓我告訴你在華爾街致富的祕密。當別人害怕時，你貪婪；當別人貪婪時，你就要害怕。

「股市是沒有三振的棒球賽。你不需要一直揮棒，你可以慢慢等待你想打得球。當你是基金管理人時，最麻煩的就是那些不停嚷嚷著『快揮棒阿，白痴』的球迷。

「我總試圖尋找那種連白痴都能經營的好公司的股票，因為遲早有一天，都會出現這麼一位白痴來掌舵。」

一讀完這本八百頁的自傳，我就又翻開另一本。到後來，我的桌上躺了十五本和巴菲特有關的書，然而我還是欲罷不能。我盡可能地了解和他有關的一切，從最早期的第一筆生意，挨家挨戶販賣果汁口香糖，到後來成為現今世上第五值錢的波克夏海瑟威公司，投資了可口可樂、IBM和美國運通等公司，同時也擁有亨氏（Heinz）、蓋可（GEICO）、時思糖果（See's Candies）、金頂（Duracell）、水果牌成衣（Fruit of the Loom）和冰雪皇后（Dairy Queen）等公司的獨家股權。我越沉浸在巴菲特的經歷和智慧中，就越覺得他好像是我的巴菲特爺爺。

我最喜愛的的幾個巴菲特故事，都是發生在他和我年紀一樣大時。因為我親眼看到一些朋友正面臨著相同的處境，而當他們遇上問題時，巴菲特爺爺那兒可有答案。

像巴菲特一樣？學會讀註解

我從沒想過我朋友柯溫的名字會和華倫．巴菲特放在同個句子裡。柯溫對拍片的熱情只增不減，但他的財務狀況卻跟不上熱情。他需要建議以獲得和那些不回電的導演見面的機會，於是我告訴他巴菲特爺爺做過什麼事。

巴菲特在林肯市內布拉斯加大學畢業後成了股票經紀人，也就是說，他是販售股票的業務。不過，儘管他試著和奧馬哈生意人會面，卻一直遭到拒絕。沒人想和一個沒實績就想賣股票給他們的年輕小伙子見面。於是，巴菲特換了個方式，他開始打電話給這些人，並且讓對方相信自己可以幫他們節稅。突然之間，這些生意人紛紛改口：「歡迎，請進！」就這樣，巴菲特訂下了會面時間。

我告訴柯溫：「雖然他們不是為了你的初衷跟你見面，但這不表示他們完全不想見你。試試看別的角度，研究一下他們真正需要什麼，然後以此找到切入點。」

我朋友安德烈想要進入音樂產業，他不知道自己是該在唱片公司找一份薪水不差的工作，或是領著低薪或甚至無薪，在一位暢銷作曲家旗下工作。我跟安德烈說，這根本連想都不用想。

巴菲特還是股票經紀人時決定要磨練自己的技巧，所以進了商學院就讀。因為華爾街傳奇，也是人稱價值投資之父的班傑明．葛拉罕（Benjamin Graham）在哥倫比亞大學授課，於是巴菲特便申請就讀哥大。巴菲特錄取入學，修了葛拉罕的課，最後葛拉罕甚至還成了他的導師。

巴菲特快畢業時，他決定不跟多數工商管理科系畢業生一樣，接受在大企業上班的高收入工作，而是試著直接到葛拉罕麾下工作。巴菲特要求葛拉罕給他一份工作，但葛拉罕拒絕了；於是巴菲特提議為他免費工作，然而葛拉罕還是說不。

於是，巴菲特回到奧馬哈重操股票經紀人舊業。然而，他還是不停寫信給葛拉罕，去紐約拜訪他，用巴菲特自己的話說，在「死纏爛打」葛拉罕兩年後，他終於願意給巴菲特一份工作。

那時候的巴菲特已經結婚有了一個小孩，但他還是儘快飛到紐約開始工作，連是否給薪都沒問。他的辦公桌就在葛拉罕辦公室外面，親炙大師。兩年後，葛拉罕退休，把自己的公司關了，巴菲特搬回奧馬哈，開始了自己的基金公司。而當葛拉罕的舊客戶們重新尋找投資金錢的新去處時，葛拉罕就把他們轉介給巴菲特。

巴菲特以長期價值投資為名，而這個故事顯示出他用同樣的態度對待自己的職涯生活。他大可以一畢業就接受高薪工作，在短時間內就賺到一大筆錢。然而，不支薪在葛拉罕麾下工作，是為了可以在長期賺進更多錢而預備。他並未試著盡可能獲取越多錢越好，而是選擇以學習經驗、專業和人脈作為薪資。

「就跟艾略特和我說得一樣，」我說，「一條路是通往直線型的人生，另一條是次方人生。」

有時候我朋友根本沒什麼大問題。比如說，萊恩想在金融界工作，他只想知道要怎樣才能跟巴菲特一樣。我說，答案就是這三個字：讀註解。

巴菲特創立自己的基金後某天，一個記者打電話來說想訪問他。對方提出關於公開公司的尖銳問題。巴菲特回答，答案就在他才剛讀過的一份年度報告裡。採訪者去讀了這份報告書後，卻打電話來向巴菲特抱怨，說裡頭根本沒有答案。

「你讀得不夠仔細，」巴菲特說，「看一下註解十四。」當然啦，答案就在那。這個記者讓自己出了洋相。

「雖然這個故事很短，」我告訴萊恩，「但寓意很深遠，而且我認為這是巴菲特這麼成功的重大關鍵之一。每個人只想快速看過報告內容，然而只有巴菲特執著於搜索那些不容易被注意到的『小點』，研讀每個字，尋找線索。你不需要是天才才能讀懂註解，那是選擇。選擇花費好幾小時，多走那一哩路，去做其他人不願意做的事。好好讀那些該死的註解，這不是巴菲特的待辦事項，而是他人生的縮影。」

過不了多久，我每個朋友都愛上了巴菲特。我越是分享巴菲特的故事，心裡就越覺得和他變得很親近。最後，我準備好和丹聯繫了。

我重寫了要給巴菲特的信，盡可能灌注和他有關的史實，試著證明我是多麼在意這件事。我把這封信寄給丹，請他為我做最後檢視。他說一切都很完美。

我問丹應該把這封信印出來，還是手抄一份，他說：「兩個都要！」我依言照辦，把其中一封信用聯邦快遞送去巴菲特的辦公室，另一封到他家。我也把這封信寄給丹，讓他可以直接轉寄給巴菲特。

丹兩天後打給我：「就在我們講話的這當下，你的信已經躺在巴菲特先生的個人收信匣裡了」。

隨著這些快樂的話語，我人生中最痛苦的六個月也於焉展開了。

我已經不知道為什麼要堅持下去

兩週後，儲物櫃

寄件者：巴菲特的助理
收件者：艾力克斯・班納揚
主旨：致巴菲特先生的一封信
親愛的班納揚先生：
以下為巴菲特先生對您信件的回覆。

我點開回信。我寄出去的信瞪著我看，後頭有兩行巴菲特以淡藍色墨水寫就、龍飛鳳舞的字跡。他一定很喜歡我寫的內容，所以直接就在上頭寫下回覆，讓祕書掃描後立刻寄給我。然而，掃描方式出了些問題，我看不清楚上面到底寫了什麼。於是，我又寫了封信給助理詢問內容。我一心以為，內容應該像是這樣：

艾力克斯，你一定花了好幾個月研究後才寫了這封信！我得說，真是令我刮目相看！我很樂意協助你的任務。你何不打個電話給我助理，我們或許可以在下週找個時間進行採訪？

五分鐘後，巴菲特的助理回覆了我：

寄件者：巴菲特的助理

收件者：艾力克斯・班納揚

主旨：致巴菲特先生的一封信

此段文字如下：

艾力克斯，我的人生已經被採訪報導過太多次了。目前我手頭上的事情很多，無法接受所有的採訪要求。

華倫・愛德華・巴菲特

他或許不過是用區區幾隻手指寫下這些拒絕我的話，但就我的感受來說，卻好像他舉起手臂往我喉嚨上打了一拳。

我打給丹。

「我以為我們很有機會……我以為這肯定是十拿九穩了……我做錯了什麼？」

「艾力克斯，你得明白，他可是一天會收到上百個邀請的巴菲特，你不應該用負面態度看待這件事。其實，他手寫回覆給你，表示他喜歡你。我認識巴菲特先生，我知道他不會手寫回覆給隨便任何人的。」

我問丹接下來該做些什麼。

「你得繼續努力，」丹說，「桑德斯上校創立肯德基時被拒絕了一千零九次。這不過是你第一次被拒絕而已。巴菲特先生是在測試你，他想知道你多想採訪到他。」

我一掛上電話，就立刻印出十句名言錦句，把它們張貼到儲物櫃的各面牆上。

堅持實在是老掉牙的東西，但它卻真的有用。成功的人在其他人失敗後仍繼續向前，所以他們能成功。堅持，比才能、出身甚至人脈都還重要。打死不退！不斷敲門，直到你把門敲開！——傑瑞．溫特勞勃（Jerry Weintraub）

精力加上堅持，能征服所有事物。——班傑明．富蘭克林（Benjamin Franklin）

再多嘗試一次，永遠是最接近成功的方法。——湯瑪士．愛迪生（Thomas Edison）

你無法打敗永不放棄的人。——貝比．魯斯（Babe Ruth）

我的成功是建立在堅持，而非運氣上。——雅詩．蘭黛（Estée Lauder）

並不是因為我多聰明，而是我願意與問題『纏鬥』比較久。——亞伯特．愛因斯坦（Albert Einstein）

只要堅持得夠久，我們想做什麼事都做得到。——海倫．凱勒（Helen Keller）

遭遇如地獄般的困境嗎？繼續走下去！——溫斯頓．邱吉爾（Winston Churchill）

世界上沒有任何一件事能取代堅持。——卡爾文．柯立芝（Calvin Coolidge）

丹為我寫了第二封信給巴菲特，我把信寄出去。一週過去，毫無回音。我寫電子郵件給巴菲特的助理，想知道他收到信了沒。

寄件者：巴菲特的助理
收件者：艾力克斯．班納揚
主旨：回覆：致巴菲特先生的信

巴菲特先生收到你寄來的第二封信了。不過，他仍舊維持首次的回覆，很抱歉無法幫上忙。

碰！

我在訪問費里斯時，覺得好像被打了一拳，但和這次相比，那次只能稱得上是小學三年級的屁孩在遊樂場上的小衝突。

現在再回溯當時，我知道巴菲特一點錯都沒。他什麼都不欠我。然而當時的我腦袋還沒那麼清楚，更重要的是，丹一直告訴我要堅持。

我的鬧鐘準時在隔天清晨五點時響起。我綁好慢跑鞋的鞋帶，步入還黑漆漆的街道，耳機裡強力播送著電影《洛基》的主題曲〈虎之眼〉（*Eye of the Tiger*）。我沿著人行道衝刺，想像巴菲特就在每個街角的盡頭。我告訴自己，這是我和他的戰役，我想和他見面的心，遠遠勝過他不想見到我的念頭。

如果拍成電影，他們就會在這時用蒙太奇手法演出好幾個月中的種種畫面，我在人行道上跑步、樹葉由綠轉橘、落葉紛紛、白雪堆積了起來。我讀了更多關於巴菲特的書、上YouTube看更多巴菲特的訪問，聽了更多有聲書。我一定忽略了某些東西。巴菲特在註解十四找到了答案，而我現在已經來到了註解一千零一十四。

不知不覺中，一月已悄然來到，南加大的春季學期即將開始，於是我毫不遲疑地又休學了一學期。

我更認真地研究巴菲特，早上起得更早、跑得更快。雖然難以啟齒，但事實上，我早已不只是為巴菲特才這麼做了：我想證明給自己看，他們每個人都錯了，每個對我說她只把我當朋友的女孩、學校裡那些受人歡迎，讓我覺得自己像隱形人的同學、每個不讓我加入的兄弟會。

我寄了第三封信給巴菲特。

沒有回音。

碰——命中下巴的刺拳。

再寄第四封信。

磅——打中眼睛的一記勾拳。

舒格．雷早就警告過我了：「你要不停戰鬥，會碰上困難，也會遭受拒絕。但你得不斷嘗試、不斷奮戰。」

每週三早上，我都會打電話給巴菲特的助理，詢問巴菲特是否改變了心意，但總是獲得「沒有」這個答案。

我寄出第五封信。

啪滋——鼻子上被劃出一道口子。

第六封信。

喀噹——我吐出一顆斷牙。

二月時，我在信中放入更多事實，希望巴菲特可以感受到我的渴望。

寄件者：巴菲特的助理
收件者：艾力克斯．班納揚
主旨：閣下致巴菲特先生的信

艾力克斯：

巴菲特先生讀了你二月五日寄來的信。我們深感抱歉，然而他實在無法接受訪問。從我們上次通信以來，他又收到更多的各式邀請，他的行程已經滿得不能再更滿了。

碰！碰！碰！我被打得直不起腰，不停咳出鮮血。

事以至此，我覺得唯一一個還站在我這邊的人只剩下丹了。和他的友誼一手撐起我那氣若游絲的希望。

「你為什麼不能直接打給巴菲特？」我問丹。

「艾力克斯，你信任我嗎？」

「當然啦！」

「那你就得信任我的方法，我是在教你釣魚，而不是給你魚。直接打給他容易，然而重點是你得學著怎麼讓對方說好。你下封信要運用多一點創意。」

丹告訴我，他有個朋友很想和柯林頓見面。在遭到柯林頓幕僚的拒絕後，他朋友買下了「AskBillClinton.com」的網域名稱，寫了一封信給這位美國前總統，說要把這個網址送給他當禮物，後來，柯林頓的辦公室安排了一個時間讓兩人見面。丹建議我也如法炮製。於是，我買下「AskWarrenBuffett.com」網址，柯溫和我兩人錄製了一段 YouTube 影片放在首頁。我寫了一封信給巴菲特，說他可以使用這個網站來教育全世界各地的學生。

寄件者：巴菲特的助理

收件者：艾力克斯・班納揚

主旨：回覆：閣下致巴菲特的信

艾力克斯：

抱歉回信晚了……請收巴菲特先生手寫的回覆附件。

我就知道！我就知道！堅持萬歲！巴菲特在第一封信後就都沒有手寫回覆給我過。我就知道丹的建議有用。我打開附件：

艾力克斯，我和朋友們花了很多年討論這個想法，但大部分人都建議我（事實上我也同意）別這麼做，繼續維持出版形式為上。

——華倫．E．巴菲特

我不知該如何是好。

「你知道你忘了什麼嗎？」丹告訴我，「你花太少時間在守門人身上了。你應該買花送給巴菲特的助理。」

「這樣不會有點太超過嗎？」我問。

「我認識她好多年了，她會喜歡的。」

我覺得不是很自在，但還是訂了花，同時附上一張感謝小卡，謝謝她花時間接聽我的電話和代轉信件。

寄件者：巴菲特的助理

收件者：艾力克斯．班納揚

主旨：謝謝你送來的花

艾力克斯，謝謝你送來的美麗花朵和貼心小卡。很抱歉沒有持續和你保持聯繫，然而最近我都忙於準備年度會議相關的事務。不過我要說，這些花真的點亮了我的一天，希望你知道我非常感激。

我打給丹。「你看吧！這麼做是對的！」他說，「你知道接下來該做什麼嗎？你得和巴菲特助理本人見上一面。她說她很忙，是吧？寫封信給她，說你願意去她的辦公室當打雜小弟，幫她摺信封、買咖啡，看她需要什麼就幫什麼。只要她認識你，你就能馬上獲得採訪機會了。喔！你可以把信放在一隻鞋子裡。把這隻鞋美美地包裝好，盒子上面寫下：『我只是想搶先一步！』」

「你……是在開玩笑吧？」

「才不是。你要確定這幾個字全都用粗體寫上，這樣她才會知道這是個玩笑。」

「我……我真的覺得這有點太超過了。」

「不會啦，鞋子這個想法可是最正點的地方！相信我！」

一股不安的感覺慢慢滲入心裡，但我覺得也難以和丹辯駁，畢竟他是我唯一的生機了。我跑去救世軍的慈善商店，買了一隻黑皮鞋，把丹說得那些話寫在紙上，一起寄了過去。

寄件者：巴菲特的助理
收件者：艾力克斯·班納揚

主旨：（無主旨）

嗨，艾力克斯，謝謝你的提議，但我這裡沒有需要，也沒有空間再容納一個人了。雖然巴菲特先生很欣賞你的不屈不撓，然而他的行程確實已滿，無法和你見面。你並非第一個（自然也不會是最後一個）如此嘗試的人，但他從未開先例。我希望你能明白此次拒絕的意思，即我日後真的無法再回覆你的任何信件。如果你真的想幫我，那麼請在接下來幾個月裡讓我可以不受打擾地專注在本職工作上。希望你能諒解。

這麼拚命，到底獲得了什麼？

「丹，拜託！你真的得幫幫我！拜託你打電話給巴菲特吧！」

「我是可以，」丹說，「但是，艾力克斯，這樣我就不是你的好老師了。這只是第九次的拒絕，你還沒到無計可施的地步。」

我試著想出更多方法，突然靈光乍現：艾略特跳上前往漢普頓的飛機，相信天賜好運會送來他需要的一切。假如我也這樣，直接飛到奧馬哈呢？搞不好我會在雜貨店或巴菲特最喜歡的餐廳和他不期而遇？

丹覺得這個點子真是太棒了。我開始搜尋機票，想著艾略特會多麼以我為傲，這都是他教我的。我打給他，然而在把計畫全盤托出後，卻是一片沉默。

「你毀了這一切。」他說。

「你在說什麼啊，我把每一分每一秒都花在研究上，不可能再更拚命了。」

「這就是我說的。你得明白，商業場子不是瞄靶練習，你不需要執著於紅心，而是要盡可能丟出越多球越好，看哪顆球能命中。你上次花時間在比爾・蓋茲身上是什麼時候？」

「已經好幾個月沒有了。」

「那上次花時間在女神卡卡身上又是什麼時候的事？」

「也是好幾個月前了。」

「上次花時間研究巴菲特是什麼時候的事？」

「我每天都在研究啊！」

「這就是我的重點！你得拉出一條人流，繼續丟出更多球。商業場子不是瞄靶練習。」

艾略特掛上電話。

我懂他要表達的，但卻覺得聽起來不對勁。丹告訴過我要列出「不要做」清單：「成功，就是為你的渴望排列優先順序的結果。」我讀過的每本商業書都說要堅持不懈，和巴菲特相識的丹也要我放手去做。

艾略特是我的導師沒錯，但這也不代表他永遠都是對的。於是我上網訂好了機票。

兩天後，奧馬哈機場

航廈死氣沉沉的。時間剛過午夜，背在肩上的旅行袋重得要命。旅行袋裡裝了我的電子書閱讀器，還有以巴菲特為主題的十本精裝書。假如這些書能增加百分之一讓我獲得訪問的機會，也就值了。

我穿過空蕩蕩的大廳，只有腳步聲的回音打破這寧靜。我面前是一張行銷內布拉斯加大學的海報，上頭有一本超巨型的巴菲特大學畢業紀念冊，下面有著框起來的「一九五一年」幾個字。那時候他二十一歲。我看著他的照片，跟其他人的畢業紀念冊大頭照看起來沒什麼不同，他也只是個人。我又是為什麼過去半年來讓自己那麼難過，遭受每次拒絕的打擊，只為了想問另一個人類幾個問題？

我走出機場，一陣冷風穿透外套，天上飄下雪花。我走向排班計程車處，每呼吸一口氣，一道冰冷的疼痛感就穿過我的肺部。一輛沒有前保桿的計程車開近人行道，內裝聞起來像是放了三個月的大麥克。

「這裡都這麼冷嗎？」我一邊爬進車裡一邊問司機。

「第一次來奧馬哈，嗯？」

「你怎麼知道？」

他大笑說：「你們這些蠢～～～～小孩。」

他抓起放在乘客座上的報紙往後一扔，打在我臉上。報紙頭條說，今晚將有三十年來最大的冰風暴襲擊奧馬哈。

我們沿著渺無人跡的高速公路蜿蜒前進，然後，車子抖了起來，聽起來像是有支半自動步槍從車頂往下掃射。雪片現在變成了冰雹，在經過巨響的二十分鐘後，車子開上六號汽車旅館的車道。大廳的燈光時閃時滅。

辦完入住手續後，我朝電梯走去，兩個女生靠在牆上嬉笑著，她們的衣服有穿像沒穿一樣。兩人的指甲都有七八公分長，頭髮長到能輕輕拂過她們赤裸的腰際。她們挑起眉盯著我看。我的身體一緊，火速按下電梯按鈕。

電梯門打開，有股非常濃烈、令人不快的味道席捲而來，好幾週都沒洗澡的人才能發出這種味道。那是個臉色慘白、眼睛布滿血絲的男人，他踉蹌向前，一隻手騷抓著脖子，另一隻手朝我伸過來。

我進了房間，把暗鎖鎖上。房間裡感覺跟外頭一樣冷。暖氣壞了。我打給櫃檯詢問有哪間餐廳和雜貨店還開著，櫃檯說因為暴風雪的緣故，所有店都早早關門了。我走到大廳的販賣機前，機器也故障了。我放棄，在浴室洗手臺裝了一杯自來水，晚餐就以機上的一包花生果腹了事。

我從旅行袋裡拿出巴菲特的書，這才想到……在這場三十年來最大的冰雪暴裡，我是要怎樣才能和巴菲特不期而遇？我以為飛來奧馬哈會讓我精力大增，然而現在，我環視著空蕩蕩的旅館房間，卻只感覺巴菲特每次的拒絕正狠狠地在嘲笑我。在那當下，我感到前所未有的孤單。

我拿出手機，在臉書上滑來滑去。上面有朋友凱文、安德烈當晚一起參加派對、歡笑著的照片；我姊妹塔莉亞和布莉安娜在我最喜歡的餐廳吃飯、歡笑的照片；還有我一進大學就暗戀的女生上傳了一整本相簿、超過一百張的照片。我看著這些照片。她現在在澳洲留學，看到她在海灘上的和煦陽光下微笑著，提醒了我現在的自己有多冷又有多悲慘。

最糟糕的是，這是我自找的。

我大可以待在學校，我大可以也出國唸書、享受人生。我這麼辛苦只是為了這些？

我把手機扔到枕頭上，倒在床上。床單硬邦邦的，我翻了個身起床，改躺在地毯上，蜷起身子。我蜷在地上顫抖著，想著過去六個月來遭受到的每個拒絕。

隨著翻騰的思緒，我看到一隻蟑螂爬過地毯，離我的鼻子只有幾公分遠。蟑螂朝牆上的一道裂縫移動過去，牠的樣子也漸漸模糊起來。我感受到眼淚流下了臉頰。

舒格．雷告訴過我「潛藏的水庫」這檔事，但我又不是他。我才沒有「潛藏的水庫」。

我完了。

迪恩・卡門：不屈不撓外，要換個方式看問題

幾天後，我雙手空空地離開奧馬哈。接下來那週，我完全沒有踏進儲物櫃，也沒碰任何一本書、寄任何一封信。我只是坐著，沉浸在一無所獲的失落裡。

我縮在沙發上，在各個電視頻道中來來回回，也就在這時，為我聯絡上陸奇的內應史特凡打電話過來。

「你不會相信的，」他說，「但我剛才幫你弄到採訪迪恩・卡門（Dean Kamen）的機會。」

「迪恩……誰？」

我繼續轉著臺。

「迪恩・卡門是我的偶像，」史特凡說，「就當是幫我忙，去搜尋他一下，做完功課後再打電話給我。」

直到幾天後，我才終於谷歌了「迪恩・卡門」。一張他站在賽格威（Segway）上的照

片彈了出來。根據圖說顯示，他是賽格威的發明人。接著，我又讀到他也發明了 Slingshot 淨水器、藥物注射幫浦、胰島素幫浦、手術用沖洗幫浦和 iBot 電動輪椅。我看了一支已超過一百萬次點閱的 TED 大會演講影片，卡門在影片中介紹他研發的生物手臂。他曾獲得美國國家科技創新獎章（National Medal of Technology），是美國發明家名人堂（National Inventors Hall of Fame）的一員，名下有超過四百件專利。

接著，我看到了讓我整個人坐直起身的四個字：「親吻青蛙」，這是卡門用來激勵他的工程師的自創詞彙，源自青蛙和王子這個童話故事。不妨這麼想像：有一個池塘塞滿了青蛙，每隻青蛙代表解決問題的一種方式。卡門告訴工程師，如果你不停地去親一隻又一隻青蛙，最後總有一隻會變成王子。但是，假如你已經親過好幾十隻青蛙，然而除了嘴裡的噁心味道之外，其他別無所獲，卡門也會要你繼續親下去；因為總有一天，你就會找到王子。

可是，假如你親完了所有的青蛙，王子還是不出現呢？

接著我又這麼想：好吧，若說有誰可以告訴我到底該繼續試著聯繫巴菲特，或是乾脆就此放棄，那麼也許迪恩・卡門就是這個人。

兩週後，曼徹斯特，新罕布夏州

辦公室充斥著愛因斯坦的巨幅畫像。高大的橡木書架裡塞滿厚重的書本。我在一張椅子上坐下，卡門坐我對面，啜著一杯濃茶。他穿著牛仔襯衫，下擺塞進藍色牛仔褲裡。雖然現在才下午三點鐘，他的臉看起來卻像是過去二十小時都在工作一樣。

「所以，」卡門開口說，「我們今天要談些什麼？」

一部分的我想把巴菲特的這整件事全盤說出，尋求建議，但我阻止了自己，畢竟這不是我個人的諮商療程。所以，我告訴卡門開始這個任務的緣由。聽完後，他發出一個悲傷的笑聲。

「常有很多年輕人來找我，期待我能給他們一些成功的祕訣，」他抬起視線，若有所思的樣子，「我們假設你有所斬獲的機率是一％好了，那麼，如果你願意重複超過一百次，那麼就會接近這個成功的可能，到最後，你就會成功。你可以說這是運氣、毅力，但只要你傾盡所有努力，那麼最後就會得到你想要的。」

「可是，我相信一定會有某個時間點，」我說，「當你回到家，覺得自己已經親過所有的青蛙，和整座池塘裡的青蛙都有過親密接觸了，可是當中還是沒有王子。我現在就處在這個階段。」

卡門向前傾身。「讓我把話再講得更難聽一點好了，」他說，「你回到家，親了每一隻青蛙，而除了臉上長出病毒疣之外，別無所獲。你躺在床上想著：『我親了每一隻青蛙，卻還是找不到解答。而且，我連下一隻青蛙在哪都不知道。』」

「不過呢，」他繼續說，「你在床上翻向另一側，繼續想：『你之所以開始這一切是因為這確實是個大問題，你本來就知道這很難。在花費這麼多時間和精力後，如果還是選擇放棄，那也是因為自己太軟弱了。你失去目標，也失去勇氣。遲早你都會找到答案的，而你現在想放棄的唯一理由，只因為你是個懦夫。』」

「不過呢，」卡門沒有要停下來的意思繼續說著，「你又在床上翻來覆去了更多次，想著，『繼續啊，繼續試！你知道自己為什麼要這麼做嗎？你太笨了，不懂得從錯誤中學教訓，你太自大，不願意改變，你這個死腦筋，不過是在浪費時間、資源、精力和你的人生。有點腦的人都知道該是時候向前走了。』」

「你怎麼決定？」我問，「你怎麼決定什麼時候要繼續奮戰，什麼時候該斷尾求生？」

「我會給你最醜陋、最糟糕的答案……」他這麼回答。

我也把身體往前移。

卡門目光往上看過來，做了個深呼吸，然後視線和我對上。

「……我不知道。」

我飛了好幾千公里來和這個世界上絕頂聰明的人談話，可是他的回答竟然是「我不知道」？

「這問題也搞得我晚上睡不著，」卡門輕聲說，「這是最困擾我的一件事。因為假如你持續往前，卻遲遲得不到答案，但你還是繼續向前，但要是還得不到答案，那麼最後，你就會停下來……」

「到什麼地步你才會停下來？」我問。

「你決定什麼時候想停就什麼時候。但顯然，你無法決定。」

卡門感覺到我的挫敗。

「聽著，」他說，「我不是來給你一張地圖的，而是要告訴你你該預期看到什麼。如果我給你路易士和克拉克（按：Lewis and Clark expedition，美國首支橫越大陸西抵太平洋沿岸的往返考察活動）繪製的地圖，那麼循著這張地圖，你可以很容易地從這裡一路過到西岸去。這也是為什麼每個人都記得他們的名字，卻沒人記得看過地圖、跟著走的那第二個人。」

「如果你不認為自己可以應付這些不確定和失敗，」他繼續說，「那麼乾脆就等路易士和克拉克給你地圖，那你就可以加入乖乖跟在後頭的那些人的行列。可是，如果你想和創新者一樣，那就請和他們一樣做好失敗、承受凍瘡、身無旁人的準備。如果你無法準備好面對這些，那也無妨，別做就是。這世界還有很多空間給一般人生存。但如果你想一試，如果你想著手幹一番大事，那就準備好迎接挫折，而且忍耐的時間遠比你所想像得還久，犧牲也比你原本預期得更大，更別說絕對充滿痛苦、難堪和令你挫折的失敗。假如到這裡你都還沒被打倒，那就繼續在泥濘中掙扎前行吧！」

「那假設我繼續在泥濘中往前，」我說，「你能不能至少給我一些建議或清單，讓我知道該怎麼找到對的青蛙？」

「好，」卡門回答，「首先有個最重要的建議：比起嘗試無數次然後失敗，不如去試著證明這件事不可行。」他解釋說，當他已經親了很多隻青蛙卻毫無進展時，就會先退後一步，問問自己在做的這件事是否真的可能達成。這件事是否違反熱力學定律、牛頓物理定理或一些其他基本準則？

「如果你是在浪費時間，最好也要有自知之明，你若能說服自己某個問題是不可解的，那麼你就可以乾脆地放棄，也不至於覺得自己是懦夫了。」

記者一天到晚都在訪問巴菲特，這件事當然是可能的。

卡門繼續說：「你不停親吻青蛙，然而除了類似的結果之外，其他一無所獲，那麼你就需要有個停損點，你會說：『我不要再靠運氣、繼續買樂透彩券了！』雖然我很喜歡說『鍥而不捨是好事』、『別當個懦夫』，不過有勇無謀真蠢蛋。」

「當然啦，可能有幾十億隻青蛙，但有時我會注意到其實只有十種不同品種的青蛙。所以，這就是派得上用場的第二個技巧：只需要親吻每個品種裡的一隻青蛙就好，不用試著去親每一隻青蛙。首先，你要找出青蛙的品種有幾種，然後再看看你能不能從每個品種中選出一隻親吻。」

卡門安靜下來，指尖彼此對觸。

「重劃清楚界線，」他說，「有時候這麼做能給你不一樣的眼光，讓你可以想出創新的解決方法。」

他告訴我美國公立學校向來缺乏科學和科技方面的教育。大部分的人都認為這是教育危機，並且試著用同樣的老方法，更新課綱、聘用更多老師解決。然而這些方法通通沒用。卡門思索著，若是換個問問題的方式會如何？說不定這不是教育危機，而是文化危機？他一重新詮釋這個問題，新的青蛙就出現了。卡門決定創辦一個稱做「FIRST」的競賽，以對待名人的規格對待科學家，讓高中的工程課搖身一變成為一項運動。如今，FIRST 在全國掀起風潮，影響了數以百萬計學生的生活。

「與其因為重複相同的老方法而感到受挫，」卡門說，「用新的說法重新描繪問題，就能找出不同種類的解答方式。」

不同種類的解答方式……

我一直專注在該怎麼獲得和巴菲特一起坐下，一對一採訪他的機會，但要是我重新詮釋這個問題呢？假如我只是讓他回答一些問題，不再計較方式、地點呢？

當我用這個角度思考時，就出現一隻我還沒親吻過的青蛙了……

華倫．巴菲特：假如說謊的不是巴菲特呢？

三週後，奧馬哈，內布拉斯加州

天氣實在太冷了，我覺得好像有支冰冷的針頭一直在戳我的臉頰。排隊等待進場的人龍一路延伸到路口，沿著路旁折了個彎。從凌晨四點到現在，我們已經排了三個小時的隊了。又再次是我和奧馬哈捉對廝殺了，只不過，這次我有幫手。

我把一掛男孩一起帶過來了。

有萊恩，我的數字高手，只不過，我的數字高手目前似乎對計算這檔事不太感興趣。他渾身顫抖，彎著腰，一條圍巾繞在頭上，讓他看起來很像一尊木乃伊。我試著問他巴菲特回答我問題的機率多大，想藉此鼓舞他，但他只是含糊呢喃著說：「我……已經……冷……到……無法……思考……了。」

布蘭登也來了，抓著一本書，塞在鼻子下方，高舉手機過頭，用手機上的手電筒充當照明。他動也不動已經十五分鐘了，我看不出他是深陷在書中的內容還是只是凍僵了。

當然啦，凱文完全是凍僵的相反。他帶著微笑跳來跳去，一邊遞來綜合穀物雜糧棒，試著鼓舞大家的士氣。

安德烈可沒閒情逸致吃什麼雜糧棒。他忙著擦護唇膏，一邊和排在我們後面幾位的一個女士眉來眼去。太陽還沒出來，他已經試著在跟人問電話號碼了。

至於柯溫嘛，他實在太累了，以致於根本無暇去管到底有多冷。他躺在人行道上，拿一件法蘭絨夾克充當毯子，始終一副還沒睡醒的樣子。

好吧，或許我們看起來不怎麼有海豹特種部隊的樣子，比較像是一群阿呆與阿瓜，但不論如何，他們都是我這一掛的。

排我們前面的一個男人轉過身來說：「你們當股東多久了？」其實我們都不是股東，所以我也不知該怎麼回答。幸好，有柯溫出場解危，他賣力地從人行道上起身，一邊拉著那條鬆垮垮的褲子：「老實說……」他手指著天空，「我們是接受巴菲特辦公室的私人邀請過來的。」

我收起微笑。柯溫說得雖然沒錯，但他沒說出事實。

好幾個月前，巴菲特的助理曾提供給我波克夏海瑟威公司年度股東會的入場通行證。她大概是因為拒絕我這麼多次所以可憐我吧！不管怎麼說，她人還是很好，願意提供給我這個待遇。年度股東會的通行證，大概就等同於巴菲特超級盃的門票，因為通常只有股東或記者才能得其門而入。那時候我並不覺得坐在一群人中有啥好處，但和卡門談過後，我撥了電話給巴菲特的助理，詢問是否還能給我通行證。

「沒問題，艾力克斯，我很樂意寄通行證給你。」

「太感謝妳了！不曉得我還能再多要個幾張嗎？」

「當然，你需要幾張？」

「呃……六張？」

「嗯，我想應該沒問題。」

「非常感謝！我想再確認一下，聽眾可以在問答時間問巴菲特先生問題，對嗎？」

「艾力克斯……艾力克斯……我知道你在打什麼主意。沒錯，現場聽眾可以問巴菲特問題，但你要知道，只有大概三十到四十個人才有這個機會，到時候參加者可是有三萬人。現場會有一個完全隨機的系統抽籤。所以，儘管我很欣賞你的樂觀，但如果是我的話，可不會抱太大的期待。」

嗯哼，我可是抱很大期待之王。

體育場的大門開了，隊伍前方的群眾爆出歡呼聲。上千名參加者開始衝刺、推擠，揮舞著手臂、揮動皮質筆記本，嘴裡高喊著：「借過！借過！」這就像是商業界的奔牛節。我和朋友閃躲著穿越這群暴徒。安德烈跳下階梯、柯溫滑下扶手、凱文爬過椅子，我們終於抵達最前排，搶到靠近舞臺的六個位子。

體育場很大，我扭過脖子往後看，將至少六層樓高、最頂層的位子盡收眼底。我無法不去想到這些成千上萬的空位，很快就會被其他也很想問巴菲特問題的人填滿。我的正前方是黑漆漆的巨大舞臺，上頭有面高聳的黑色布幕，上方還有三個非常大的螢幕。舞臺中央擺了一張桌子，配上兩張椅子，是等下要給巴菲特和他的副董事長查理．蒙格（Charlie Munger）坐的。

雖然我抱著很高的期待，但卻沒事先準備計畫，心想反正到時我和朋友們就會想出些什麼。若要說我從參加《價格猜猜猜》中學到了什麼功課，那就是船到橋頭自然直。

現在可沒時間浪費。

我瞄到一個寫著「一號投票站」的立牌，前面排了一些人。

「萊恩，」我叫道，「跟我來！」

在一號投票站處，有個義工正在發送金色選票，參加者會把這些選票投入箱子裡。箱子左邊則有支黑色麥克風架。我和萊恩跑去排在隊伍尾端，輪到我們時，義工遞給我們兩張樂透票。

「我不要票，但可以讓我問個問題嗎？」我告訴她我們是第一次參加，詢問她這個樂透系統怎麼運作。

她告訴我，我需要出示個人證件才可以領到樂透票，領到票後就把票丟到票箱裡。「在股東會開始前我們就會抽出一些人，」她繼續向我們解釋，「這完全是數字遊戲，希望你運氣夠好，因為被抽中的機率大概只有千分之一。」

我和萊恩走到一旁，開始尋找二號投票站。更遠處是三號投票站，我看到三樓那兒也有一小撮人，我猜那兒就是八、九、十、十一和十二號投票站。

「來吧！」我說，拽著萊恩。

我們跑向二號投票站，想從義工那問出更多訊息，希望能把線索拼湊起來，讓我們獲得一些優勢。在這裡，我們得到了一樣的回答。

三號投票站。

四號投票站。

五號投票站。

我盡量去找義工聊天，告訴他們我花了六個月寫信給巴菲特，以及我和朋友現在會在這裡的原因。所有義工都給我相同的回答。然而，其中某一個義工把我拉到一旁。

「我什麼都沒說喔，」她說，「但上一次股東會時，我發現不是每個投票站的機率都一樣。」

「妳的意思是？」

她向我解釋，樂透票並不會被集中到同一個箱子裡，而是分別從不同投票站抽出，意思就是說，其實是分別有十二場不同的樂透抽獎。最靠近舞臺的投票站，投票數最多；但離舞臺最遠的那一區？可能只有寥寥數張票而已。

萊恩說：「這很合理，會坐在最前面的人一定都超想問問題的；至於那些坐在最後面，藏在陰影裡的人，大概都不希望被注意到。」

萊恩的眼睛一亮，彷彿腦袋中所有的處理器同時開始火速運作。他掃視整個會場，眼睛瞇了起來：「看起來那邊坐了大概三千人，那裡的話是一千人，那頭是五百人，另一邊大概三百人。如果我們……。」他突然安靜下來，數字閃現在他眼中，然後倏地高聲大喊：「八號投票站！」

我們衝回會場最前面叫其他朋友，要他們跟上來，然後又衝回頂樓。我們到了八號投票站，領了樂透票，把票投進箱子。大概二十分鐘後，義工們開始抽出得獎者。我的喉嚨一緊，我的幾個朋友看起來和我一樣緊張。心底深處我們都知道，這大概是我能讓巴菲特回答問題的最後機會了。

義工宣布了得獎者。雖然據說機率只有千分之一，但我們六個人中卻抽出了四人。

巴菲特的問與答

會場的燈光暗了。我的雙腿因為緊張而顫抖，也開始研究起附近參加者的臉孔。有好幾排的人都穿著西裝，面前擺著筆記本或筆電；也有好幾排的人往後靠坐在椅子上，手上拿著瑪芬和咖啡，等著觀賞巴菲特超級盃。我在排隊時遇到一些人，他們說波克夏海瑟威公司對他們來說非常重要，所以早在一年前就先空下這一天，甚至有些人已經連續參加了好幾十年。

群眾安靜了下來，舞臺上的巨大螢幕開始播放影片，影片裡有動畫版的巴菲特和蒙格，在《與群星共舞》節目上當評審。巴菲特一直給參賽者零分，而蒙格則是一臉無聊樣，玩著手機上的遊戲「拼字接龍」（Words with Friends）。節目主持人問他們可以做得比參賽者好嗎，蒙格就大吼著回答：「還以為你永遠不會問咧！」這兩個卡通版的億萬富翁立刻從椅子上跳下來，開始跳起「江南Style」這首去年夏天引爆一波風潮的韓國流行歌。整座體育場爆出笑聲。「歐巴……江南Style」這句歌詞從喇叭中轟炸出來，歡呼聲實在太吵了，幾乎聽不到音樂聲。

接著，又是一支影片。這回，巴菲特出現在《絕命毒師》（*Breaking Bad*）的場景裡，但巴菲特和主角華特・懷特（Walter White）不是在進行冰毒交易，而是在爭搶巴菲特最喜歡的糖果——花生脆片。然後，是巴菲特和強・史都華的短片，還有巴菲特和阿諾・史瓦辛格的滑稽短劇。終於，螢幕回歸一片漆黑，我心想，正片要來了。但我猜錯了，天花板這時降下了彩色霓虹燈，紅色、藍色的燈光把體育場弄得像夜店一樣，喇叭裡爆出〈Y.M.C.A.〉這首歌，只不過，他們把這四個字母改成波克夏海瑟威公司的股票代號，「B.R.K.A.」。群眾一起高聲唱著，彷彿這是世界上他們最愛的四個字母。接著，下方的走道出現了一群啦啦隊員。

巴菲特和蒙格從舞臺右邊，一邊唱跳著「B.R.K.A.」，一邊進場，觸發群眾吼叫得更大聲，整座體育場像是遭逢小型地震般晃動著。我左邊的走道上，柯溫在一片混亂中扭動著臀部，朝啦啦隊員靠近。其中一人遞給他彩球，他高舉過頭不停甩動著，和啦啦隊員一同跳著「B.R.K.A.」舞，彷彿今天是他倆人蜜月之旅第一天似的。

巴菲特在桌旁坐下，朝麥克風傾聲：「呼！累死我了！」

股東會開始，巴菲特先公布波克夏海瑟威公司的年度財務狀況，接著介紹坐在前排的董事會成員們。

「好啦！」巴菲特高聲說，「接下來是問答時間。」

我知道問答時間向來幾乎占去整場股東會大半時間。巴菲特和蒙格桌上有幾小疊紙張、兩杯水、兩罐櫻桃可樂還有一盒時思糖果的花生脆片。舞臺左邊的桌子旁，坐了三位來自《財經》、《消費者新聞與商業頻道》（CNBC）和《紐約時報》的財經記者。舞臺右邊，則坐了三名財務分析師。

問答的進行方式是這樣的，首先，先由其中一個記者詢問波克夏公司在標準普爾 500 指數中的表現，接著分析師會詢問波克夏旗下子公司有什麼競爭優勢。巴菲特流暢地給出公版答案，說個笑話，吃幾口脆片，然後說：「查理？」看看他的合夥人有沒有什麼要補充的。蒙格通常只會乾脆地回答「沒有要補充的」，就到下個流程。接著，聚光燈就會投向一號投票站。被抽中的參加者一號詢問巴菲特波克夏公司的哪個營運表現最令他擔心。萊恩如此循環不停重複。記者、分析師、二號投票站；記者、分析師、三號投票站。

算了一下，輪到我們問第一個問題還要大概一個小時，於是我們一起走到外頭的走廊商討對策。

「這些是我最想問巴菲特的幾個問題，」我說，一邊從口袋裡抽出一疊紙，「安德烈，你最先被抽到，所以你來問這個關於說服人的問題。我是第二。布蘭登，你第三，你負責問募款的問題。柯溫，你第四，你負責問價值投資的問題。好了，大家，請務必確定當……」

「唷！」柯溫突然大聲說，「有人身上有多的一條皮帶嗎？」

我知道不該問，但我忍不住：「有誰身上會多帶一條皮帶啊？」

他聳了個肩。

「等等，」我說，「你該不會忘了繫皮帶吧？」

「別擔心啦，老兄，我會想辦法的。」

我試著不要一直去想我們看起來有多可笑。在穿著卡其褲、梳著油頭的人山人海中，安德烈的襯衫在胸口處的鈕扣全開、布蘭登和凱文穿著帽T，柯溫看起來像是被關在剪接室三週後才被放出來。我穿著謝家華給我的薩波斯T恤，為了多些好運，還穿上參加《價格猜猜猜》時穿得同一條內褲。

我把最喜歡的問題留給自己：「不要做」清單。前一晚我打給丹，告訴他要是抽中樂透，我就打算問這個問題。丹說聽起來很不錯，但要我不要提到他的名字。

我們回到位子上。巴菲特剛好回答完七號投票站的問題。我遞給安得烈寫著問題的紙，他就朝著八號投票站的麥克風走去。記者問完問題，換分析師，接著鎂光燈聚集到安德烈身上。

「嗨，我叫安德烈，我來自加州，」安德烈開口，他的聲音從好幾百個喇叭裡放送出來，在體育場裡迴盪。「在一些關鍵事件中，比如說桑伯恩事件（Sanborn）、併購時思糖果或購買波克夏公司股權時，你說服原本不想賣出股權的人把股票賣給你，在這些特定的情況下，你影響他人決策的三個關鍵方法為何？」

「喔……」巴菲特說，「我不認為……呃，你提到桑伯恩，還有，呃，時思……」

當初寫下這問題時，它聽起來完全沒問題；然而現在，聽到安德烈大聲念出「原本不想賣」，讓這個問題聽起來不太像是個問題，而是一項指控。

「時思家族……」他繼續說，「那時候他們一名家族成員過世了……」

我專心地聽，想知道巴菲特會說些什麼，但我很快發現，他根本什麼都沒說，不過是吐出時思糖果的各種史實，完全避而不談我最想知道的說服技巧云云。

「查理可能記得比我清楚。」巴菲特說，但還是隨便說了些什麼，就接著下一個問題。

時思糖果和桑伯恩事件發生在大概四十年前，所以，巴菲特大概沒預期聽到相關的問題。對我來說，事情發展明顯得傷人，但我塞了許多細節到這個問題裡，採用一些讓它聽起來像是個指控的措詞，還渾然無所覺。因此現在它反咬了我一口。

幸好，我們還有三次機會。

問題循環繼續進行，終於輪到我發問。義工檢查了我的票，示意我走到麥克風前。我摸黑穿過平臺包廂區，往下看著這個過去六個月裡照片都被我貼在書桌上方的男人。歷經這一切，挖掘好幾千頁的資料、細細爬梳了好幾百篇文章、打電話給丹一起花了痛苦地好幾十小時後，我終於到了這裡。我覺得這一刻是自己努力掙來的。

「好，」巴菲特開口，他的聲音來自四面八方，「八號投票站。」

聚光燈一亮，燈光強烈到我幾乎看不到手中拿著的紙。

「嗨，我叫做艾力克斯，」我的聲音彈回到我身上，幾乎要讓我失去平衡，「我來自洛杉磯。巴菲特先生，我聽說你有一個保留精力的方法，就是你會寫下想完成的二十五件事，然後選擇前五項去做，至於排在後面的二十件事，你就不會去做。我很好奇你是怎麼想到這個方法的，你還有其他為慾望排列優先次序的方法嗎？」

「這個嘛，」巴菲特回答，一邊輕笑著，「我其實比較好奇你是怎麼想到這個辦法的！」

群眾發出震耳欲聾的笑聲，很難形容整個體育場的人都在笑你是什麼感覺。

「其實沒有這回事，」巴菲特說，「雖然這聽起來是個很不錯的執行方法，但我通常沒這麼有紀律。如果有人把牛奶軟糖擺在我面前，那我就會吃掉它！」

我感覺自己的臉頰在聚光燈照射下漲紅了起來。

「我和查理的生活很簡單，」巴菲特補上幾句，「但我們知道自己喜歡哪些東西，而且我們現在幾乎想做什麼都可以。查理喜歡建築設計。他再也不是以前那個滿腹挫折的建築師了，現在他翅膀可硬的了。你知道的，我們都很喜歡閱讀，但我從來沒弄過什麼清單。就我記憶所及，我人生中從來沒列過清單。」

「不過，或許我會開始這麼做，」巴菲特這麼說讓大家笑得更厲害了，「你真是給了我一個好點子！」

突然間，聚光燈就被關上了。

我跌跌撞撞走回自己的位子，搞不清楚剛剛到底發生了什麼事；然而經過走道時的那些耳語和咯咯笑聲，我卻聽得很清楚。我把頭壓低，不想對上任何人的視線。

我在位子上坐定後，凱文靠向我提出了很不錯的一點建議：我們的第一個問題或許攻巴菲特不備，但如果我們想從他那得到答案，那麼下一個問題一定要問得簡單、直接、明瞭。我同意這個看法，我們全都靠向布蘭登，告訴他他得把問題說得很清楚，這樣才能讓巴菲特無所迴避，正面回答。

凱文、布蘭登和我聚集到走廊上，讓布蘭登練習發聲，把每個字說地字正腔圓、鏗鏘有力。我們回到位子上。不一會兒，布蘭登走到麥克風旁。

「嗨……我……是……來……自……洛……杉磯的……布蘭登。」

他的咬字清楚得不得了，我別無所求，可問題是，他說得太清楚了，咬字速度又很慢，反而讓他聽起來很可疑。

布蘭登繼續說：「假如我現在二十多歲，想與人合夥創業……我該怎麼在……獲得身為獨立投資人……的實績……前，就讓人……願意……拿出錢來投資？」

一陣暫停。

「這個嘛，」巴菲特說，「至少你還沒有說服我喔！」

群眾中又傳來另一波的笑聲。

我想知道巴菲特是否知道這一切是怎麼回事。又來了一個二十多歲的傢伙，也穿著牛仔褲、來自洛杉磯、出現在八號投票站，而且問題非常特定、一反平常，也和波克夏公司近期表現完全無關。

「我認為我們在找人進行投資時要格外謹慎，」巴菲特說，「順道一提，就算對方過去有許多實績也一樣。有很多實績也不代表什麼。不過總的來說，我建議所有想從事金錢管理工作，並且日後打算籌募資金的年輕人，要盡早開始建立可供審視的個人紀錄。我的意思是，這不是我們聘用陶德和泰德（為公司進行投資管理）的唯一理由，但我們的確會去檢視他們的紀錄，而他們的紀錄對我和查理來說，可以信得過而且也合理。老實說很多人的實績，在我們看來實在沒什麼參考價值。」

「如果你辦了一個擲硬幣比賽，」巴菲特繼續說，「然後有三億一千隻紅毛大猩猩來參加，每隻猩猩都擲十次硬幣，那麼，大概會有三十萬隻大猩猩可以獲得連續十次擲到正面的結果。而這些紅毛大猩猩大概會四處去拜訪人，想拉到贊助他們參加日後擲硬幣比賽的大筆資金。」

「也就是說，當我們聘任人管理資金時，我們得去判斷對方究竟只是運氣好，或他們真的知道自己在幹嘛……」

「這個嘛……」一個聲音打斷了巴菲特。

「……你當初遇到這問題時不是還從你家人那搜刮來一萬塊嗎？」說話的人是蒙格。

「是沒錯，」巴菲特說，「希望他們把錢給我後還是愛我。」

「呃……我……」他繼續結結巴地說著，「這個過程很緩慢，而且它也應該這麼慢。就如查理所說，有些人覺得我不過是在操作一個龐氏騙局，而其他人或許沒這麼想，不過恐懼對他們來說可能反而有利，畢竟他們在奧馬哈的賣點就是為人投資。」

巴菲特咯咯笑著。

「要吸引到資金，你需要讓自己『值得』那些資金。而慢慢累積實績就能證明你值得。你要能夠向人解釋這些實績背後經過哪些縝密的思考，而不只是你隨大勢所趨或巧獲好運的結果。查理？」

「你才剛開始，而且才二十五歲，」蒙格重複道，聲音裡帶著一絲體貼，「你該怎麼吸引資金？」

我永遠無法得知蒙格在想什麼，但或許他也注意到巴菲特並沒有給我們直截了當的答案。我覺得蒙格救了我們，讓我們不用再出一次洋相。他說，在獲得實績前，籌措資金最好的方式就是從那些早已認識你、信得過你的人開始，因為他們曾看過你做其他事情的樣子。這些人可以是家人、朋友、大學教授、前主管，或甚至你朋友的父母。

「在你還年輕時做這樣的事並不容易，」蒙格補充說，「這也是為什麼大多數人都先從一小筆資金開始。」

蒙格和巴菲特話鋒一轉，開始談起對沖基金，接著就移到下一個問題去了。布蘭登回到他的位子上。雖然他也遭受到一些訕笑，但至少我們得到了回答。

我們還有一次機會，交給柯溫了。巴菲特回答完七號投票站的問題後，柯溫走到麥克風前。記者問了問題，然後是分析師。八號投票站的聚光燈亮起。

柯溫靠向麥克風，一隻手抓著要問的問題紙，另一隻手拉著他寬垮的褲子。他開始問問題，但我卻聽不見他的聲音。

他的麥克風被關起來了。

巴菲特的聲音響起：「謝謝大家出席！希望明年再見！」就這樣，巴菲特結束了問答時間。

柯溫就這樣拉著褲子，在聚光燈下呆站著。

我和朋友們走出體育場，滿腹疑惑和挫敗感。我們穿過擁擠的大廳時，很多人盯著我看。其中一個人輕輕拍著我的背說：「問題問得好，老弟，我很需要好好笑一下。」

體育館外的人行道上，人們對著我竊笑。凱文把一隻手放在我肩膀上說：「別在意他們」。我們繼續往前走，沉默不語。

幾分鐘後，凱文輕聲說：「這真是沒有道理……你的問題怎麼這麼沒勁？」

「我才沒有不帶勁，」我吼回去，「沒勁的是巴菲特。」

我告訴凱文「不要做」清單是什麼，我認識丹的過程，他是怎麼答應幫我聯絡巴菲特，還告訴我他為巴菲特工作的故事，以及要我做一個網站、寄鞋子給祕書等種種。

凱文瞇起了眼睛。

「巴菲特怎麼可以說他不知道『不要做』清單，」我說，極力忍住不要大吼，「我不敢相信他會這樣說謊。」

凱文看著我說：「假如說謊的人不是巴菲特呢？」

賴瑞金：做自己是沒有祕訣的

很快地，我就發現凱文說得沒錯。股東會結束後沒多久，丹的女友打電話給我，告訴我她也開始對丹起疑心。她聯絡了巴菲特的助理，但對方說丹從未受僱於巴菲特。我不敢相信。

我打電話給丹，他矢口否認，而且突然問起是否有人在用分機聽我們說話，我說沒有，但是當我多加詢問他的背景時，氣氛就緊張了起來。雖然他確實有回答我的問題，但一些細節卻兜不上。丹掛了電話，這是我們最後一次說話。

我從沒這麼覺得被背叛過。對我撒謊的可不是什麼陌生人，而是一個我信任、在乎的人。也因為這樣，才如此令我痛徹心扉。也或許，就是得這麼慘痛我才學得到教訓。有些人並不真如他們自己所說的一般。我的問題出在太想要訪問到巴菲特，於是忽略了出現的那些警訊。這一個教訓清楚明白：**絕望的時候，人的直覺就失靈了**。

但是，我自己其實也不夠透明。打從我認識丹的那一刻起，我就對他有所圖。我跟他當朋友的唯一理由，就是想透過他接觸巴菲特。當我在舊金山丹的船上時，更是讓他在女友面前騎虎難下。雖然他扭曲了事實，但要不是我一直步步進逼，他也不需要進一步地擴大這個謊言。我打的如意算盤和沒有開誠布公的事實，致使他被逼到了角落。欺瞞只會生出更多欺瞞。

從奧馬哈回到洛杉磯後，我仍舊難以抖去壞心情。過一陣子後，柯溫試著想振奮我的精神。某天中午，我們倆坐在一間雜貨店前的人行道邊上吃著三明治。

「老兄，」柯溫說，滿嘴塞滿了食物，「我知道你很沮喪，我不怪你，但你總是得放下它然後繼續向前走啊！」

我嘆了口氣，又咬了一口三明治。

「你得讓生活重新回到常軌上，」他繼續說，「難道你手邊沒有其他訪問嗎？」

「我啥都沒有，」我說，「就算有，大概也會被我搞砸。看看股東會上發生了什麼。我把一堆細節塞進問題裡，讓安德烈問那個說服的問題，結果最後反而讓巴菲特跟我們作對。我現在不只是弄不到訪問，而是連該怎麼訪問都不會了。」

「你別再對自己這麼嚴苛了，」柯溫說，「訪問本來就不簡單，不只是問問題而已。訪問是一門藝術。」

我們繼續聊著，而我這趟旅程中最不可思議的巧合就在此時發生了。一輛窗戶貼著隔熱紙的黑色林肯轎車靠向街道邊，在我們正前方停下。車門打開，賴瑞金走了出來。

世界上最具有代表性的訪問者就在我眼前走進雜貨店，而且他身旁沒有任何其他人。賴瑞·金在 CNN 上的節目已經播送了二十五年，他人生中訪問了超過五萬個人。我之前怎麼沒有試著找他呢？我知道他就住附近，更不用說，他每天會去哪間店吃早餐基本上可說是個公開的祕密。

儘管如此，我還是坐著一動也不動，眼睜睜看他從自動門走進店裡。

「老兄，」柯溫開口，「去找他說話啊！」

我覺得好像有沙包壓在肩上。

「先進去再說啊！」柯溫極力勸說。

我不能確定現在是「糗糗」在發作，還是過去六個月屢遭拒絕、頻受羞辱已使我氣力全失。

「快阿！」柯溫說，拽著我的肩膀，推著我站起身來。「他已經八十歲了，是能跑多快？」

我從人行道上直起身，走進雜貨店的自動門。我先到麵包區瞄了一眼，賴瑞不在這。我小跑步到果菜區，這裡有堆得像座塔、五顏六色的水果，和放滿一整面牆的蔬菜。賴瑞也不在這。

這時我才想起，他把車停在裝卸貨區，他一定馬上就要離開了。

我跑向店後頭，在購物通道間跑來跑去，轉頭檢查每一個走道。賴瑞不在這，賴瑞不在這，賴瑞不在這。我急切向左，閃過一座鮪魚罐頭塔，加速衝往冷凍食品區。我跑到店鋪前頭，掃描每一個收銀櫃檯，還是都不見賴瑞的蹤影。

我強壓下想狠踢一整排購物車的衝動。我，又，搞砸了。賴瑞金剛剛就在我眼前，但我卻什麼都沒做。

我在停車場進行地毯式搜索，目光一抬，在距離我十公尺之處，我看到賴瑞金，穿著他的吊帶褲和其他招牌穿搭等等。

在那一刻，我心中所有被壓抑住的憤怒和能量開始湧出，從嘴裡爆出，使我用盡全身力氣大吼：「賴瑞金先生生生生生！」

他肩膀立刻一聳，慢慢轉著頭，眉毛朝頭頂髮際線拱起，嘴巴微微張開，臉上每道皺紋都朝後腦方向拉緊。我快步跑向他說：「金先生，我是艾力克斯，我今年二十歲，我一直想跟你說聲嗨……」

他舉起一隻手說：「喔……好，嗨！」接著就加速離開。

我默默跟在他後面，一路跟出店鋪，到了人行道，他的車子旁邊。他打開後車廂，把採購的雜貨塞進去，打開駕駛座的門，準備坐進車裡，我見狀又大喊：「等一下！金先生！」

他看著我。

「我……我……可以和你一起吃個早餐嗎？」

他看了看周圍，十幾個人站在人行道上，等著看好戲上場。

賴瑞做了一個深呼吸，然後用沙啞、帶著布魯克林腔調的聲音說：「好吧，好吧！」

他繫上安全帶同時，我向他道謝，並且趕在他把門關上前開口：「金先生，等等，我們要約幾點？」

他看了我一眼，然後把門甩上。

「金先生！」我隔著玻璃大喊，「約幾點？」

他發動引擎。

我只好站在他的車前面，在擋風玻璃前揮舞著雙手：「金先生生生生生生！約幾點啊？」

他瞅著我，再看著圍觀的群眾，搖搖頭說：「九點！」然後就開走了。

你要不停地敲門

隔天早上我到了那間餐廳。賴瑞金在最靠門的那個包廂區，蜷在一碗麥片後，身旁坐了幾個男的。他們餐桌上方有一面很大的銀色相框，裡面放了賴瑞金訪問歐巴馬、前副總統喬・拜登（Joe Biden）、脫口秀主持人傑瑞・史菲德（Jerry Seinfeld）、歐普拉等人的照片。那張餐桌還剩一個空位，但因為我對自己前一天的行徑感到有些不好意思，所以不想太大膽無理地逕自坐下。於是，我隔著一段距離，輕輕揮著手說：「嗨！金先生，你好嗎？」

他抬起頭，表示看到我了，粗聲粗氣地不知喃喃自語了些什麼，然後又轉回去跟朋友說話。我以為他是要我幾分鐘之後再來，於是我在隔壁桌坐下，等著他叫我過去。

過了十分鐘。

三十分鐘。

一小時。

最後，賴瑞金站了起來，朝我走過來。我感覺得到自己的臉頰充滿期待地往上提，但是他走過我身旁，直接朝門口走去。

我抬起頭，「金……金先生？」

「現在是怎樣？」他說，「你到底想幹嘛？」

一股銳利、熟悉的疼痛感刺入胸口。

「老實說，」我用無精打采的聲音說，「我只是想請你給我一些採訪人的建議而已。」

然後，一抹微笑慢慢爬上他的臉，他的眼睛好像在說：「你怎麼不早點告訴我？」

「這樣啊，」他說，「有時當人剛起步，不知該如何訪問時，就會想去學習他們崇拜的對象，或許是芭芭拉．華特斯（Barbara Walters）或歐普拉，或是我，他們會去看我們怎麼訪問，然後試著模仿。如果你也這麼做，那可就大錯特錯了。因為這麼一來，**你只把焦點擺在我們做了些什麼上，而沒有去思考我們為什麼要這麼做**。」

他繼續解釋說，芭芭拉的採訪風格是會策略性地安排好一系列問題，深思熟慮後才發問；而歐普拉則是充滿熱情和感情；至於他自己，則是喜歡問每個人都想知道的問題。

「經驗稚嫩的訪問者複製我們的訪問方式，卻沒有去思考我們為什麼會形成這種風格。這是因為那是讓我們最感到自在的方式。當訪問者怡然自得時，來賓也就最能夠自在舒適——這便是最佳訪問的必要元素。」

「**祕訣就是：根本沒有祕訣，**」他補上一句，「**做自己是沒有祕訣的。**」

他看了看錶，「聽著，小傢伙，我真的得走了……」，他看著我的眼睛，然後又搖了搖頭，彷彿腦袋裡正在進行一場辯論，他把一隻手指放在我臉前說：「好吧！禮拜一！九點鐘！我們到時見！」

禮拜一當天，我準時出現，賴瑞那桌已經坐滿人了，但他還是招手要我過去，問我為什麼對採訪這麼有興趣。我告訴他我的任務，我才剛開口詢問是否可以採訪他，他就立刻說：「可以啊，我願意！」

我們又聊了一下，接著他說想介紹一個人給我認識。

「嘿，卡爾，」他說，轉向坐在桌邊的朋友其一，「你可以撥幾分鐘給這個小朋友嗎？」

卡爾頭上是一頂天藍色的寬沿紳士帽，戴著牛角鏡框眼鏡。他看起來五十多歲，比賴瑞金那一掛朋友年輕個十來歲。

賴瑞跟我說，卡爾．法斯曼（Cal Fussman）是《君子雜誌》（*Esquire*）「我學到的一課」的專欄作家，他訪問過阿里（Muhammad Ali）、戈巴契夫（Mikhail Gorbachev）、喬治·克隆尼（George Clooney）和許多名人。賴瑞要他和我分享一些採訪的技巧。

我和卡爾移去附近的另一張餐桌，我告訴他先前的訪問過程。

「不論我事前怎麼準備，」我說，「實際進行時都和我計畫得不一樣。我想破頭還是不知道為什麼會這樣。」

「你訪問時都怎麼進行？」卡爾問。

他一邊聽一邊點頭，我告訴他，我會先花上幾週，有時甚至好幾個月研究我要提出的問題。當我說到訪問時會帶著寫滿問題的筆記本時，他的眼睛瞇了起來。他問我：「你帶著筆記本是因為這會讓你比較放鬆，還是因為害怕如果沒有筆記本，你就不知道該問什麼了？」

「我也不確定，」我說，「我從來都沒想過這個問題。」

「好，那我們試試看這麼辦，」卡爾說，「明天一樣來這吃早餐，我會幫你留個位子，不要把這想成是訪問，就是純粹來吃早餐、放鬆就好。」

接下來這一週，我每天都照著他的話做。每天早上，我都坐在卡爾身邊，「觀賞」賴瑞吃著加進藍莓的麥片，而且不論碗裡剩下多少麥片，他總是會在吃完最後一顆藍莓後就把碗推到一旁去；我也看他拿著折疊手機講電話；和那些來問候他、要求合照的陌生人互動。賴瑞對他們真是友善得不得了，這不禁讓我想起當初在雜貨店追著他跑的自己，不知道看起來有多瘋狂啊！

那週即將結束之際，卡爾要我隔天吃早餐時帶著錄音機，「不過把筆記本留在家裡吧，」他這麼說，「你已經覺得很自在了，所以現在只要坐在桌邊，讓你的好奇心主導問題。」隔天早上，每個人都在他們如常的位置上。賴瑞在我對面，弓著背坐在他那碗麥片前；他右手邊是席德，賴瑞的好友之一，他們相識已經超過七十年了；然後是他的國中同學布魯西；接著是貝瑞，他也是從小在布魯克林一起長大的這群朋友之一；最後是卡爾，他還是戴著那頂天藍色寬沿紳士帽。蛋捲吃到一半時，我問賴瑞他是怎麼開始播報生涯的。

席德搶著說：「當我們還是小屁孩時，賴瑞就會捲起一疊紙，假裝那是麥克風，用它來播報道奇隊的棒球賽。」

貝瑞也說：「他會告訴我們電影演了些什麼，而且講得比電影實際的播放時間還久。」

賴瑞告訴我，他的夢想是當廣播播報員，但他不知該從何開始。高中畢業後，他開始做各種奇怪的工作，送包裹、賣牛奶、收帳；直到二十二歲的某天中午，事情有了變化。賴瑞和一個朋友在紐約市的街上走著，這時，他們巧遇了一個在哥倫比亞廣播公司（CBS）工作的人。

「他專門負責聘僱廣播播報員，」賴瑞說，「而且他也是在節目過場期間說『這是CBS，哥倫比亞廣播公司』的那個人。」

賴瑞問他該怎樣才能進入這個產業，他建議賴瑞去邁阿密，那裡有許多並不隸屬於工會的電臺，應該會有職缺。賴瑞跳上開往佛羅里達州的火車，睡在親戚家的沙發上，開始求職生活。

「我就是不停地去敲門，」賴瑞說，「我去一間很小的電臺試音，他們說：『你聽起來挺不錯的，下次再有開缺，就是你的了。』於是，我時不時地都在這間電臺附近晃，看其他人怎麼播報新聞，我觀察他們怎麼做，也跟著學，還幫他們掃地。然後有一天，某個傢伙在禮拜五時辭職了，他們就跟我說：『下週一早上換你上場！』我一整個週末都在熬夜，緊張得跟什麼一樣。」

「等等，你說『不停敲門』是什麼意思，」我問道，「你是怎麼做的？」

賴瑞用一種彷彿我是幼稚園小孩的臉看著我，「碰！碰！碰！」他說，一邊用指關節敲著桌面。

「這不是比喻，」席德說，「賴瑞真的去敲不同家電臺的門，自我介紹，問他們有沒有職缺。我們那年代就是這麼幹的。」

「我也只能這麼做，」賴瑞說，「我沒有履歷、也沒上過大學。」

「呃，好，我懂那時候是這麼做，」我說，「但如果是現在，你會怎麼做？」

「一樣啊，」賴瑞說，「我還是會去敲門，只要有需要，我什麼門都會去敲。現在可以敲的地方更多了，但你聽著，天底下沒有新鮮事。現在是有網路沒錯，但除了傳遞消息的方式不同之外，其他一切都沒什麼不同。人性沒有改變。」

卡爾解釋說，決定要聘用誰的仍舊是人。他們得看著你的眼睛，才能知道你是否真誠。或許你在信件中也是說同樣的話，但由活生生的人說出口，卻又是非常不同的感受。

「人都喜歡活生生的人，」卡爾說，「他們不喜歡收件匣裡隨便哪個人的名字。」

我這才恍然大悟，當史匹柏先前鼓勵我、艾略特帶我去歐洲，或賴瑞終於願意邀請我一起吃早餐，都是因為我真的和他們見了面，用雙眼直視他們。

等一下……

過去這一年，我不過是比爾．蓋茲幕僚長信箱中的某某人，他一開始會打電話給我是因為陸奇請他幫忙，並不是因為他知道我是誰。當他不再回我信時，我以為他是在針對我，但是，這和我怎樣一點關係都沒有。對他來說，我只是個不認識的某某人。

而我剛好知道該怎麼解決這個問題。

掃 QR code 可見我上
節目接受賴瑞金的訪問

理查・伍爾曼：世界會因為你的成果改變

四週後，長灘，加州

我從這間位於威斯汀飯店大廳的咖啡吧檯旁拉開一張椅子。威斯汀飯店是 TED 大會最主要的住宿處，在這一路的旅程中，我沒有處在比現在更完美的位置了。

我環視四周，一股強烈、似曾相識的感受朝我席捲而來。離我五公尺遠處，就是我第一次和艾略特一起用餐的桌子。和艾略特初見面差不多是快一年前的事了，這個時間點巧到好像命運正在對我微笑一樣。

我一早就情緒高漲，因為幾分鐘前，我才剛和謝家華一起吃過早餐。當他知道我來威斯汀飯店的目的後，就邀請我到他停在飯店前的露營車裡一起看線上直播。

話說回來，這一切可是得來不易。四週前，我主動聯繫在微軟的內應史特凡。我知道蓋茲的幕僚長每年都會參加 TED 大會，所以我問史特凡能否在大會期間和他見面，聊個五分鐘。如果這樣還行不通，我對史特凡發誓，我絕不會再開口請他幫忙了。這是我的最後一顆子彈。

史特凡答應了我的要求，在數週內寄給幕僚長一封又一封的信。他沒有收到回覆，所以又請了一位同事也寫信給幕僚長。最後，在TED大會前一晚的晚上七點二十七分，他終於收到了回覆。幕僚長說，他的確會出席TED大會，而且很樂意和我見上一面。他說，我們可以約在飯店大廳的咖啡吧見面，時間是第一場演說結束後，約莫在十點十五分左右。

現在我已然抵達。我盯著牆上的鐘看，上頭顯示為十點十四分。

「先生，」咖啡師說，「想來點什麼嗎？」

「請稍等一下，」我說，「我的同伴應該馬上就會到了。」又過了一會，咖啡師又來我面前問我是否準備好點飲料了。

我抬頭瞄了一眼，十點二十一分。

「抱歉，」我說，「他應該是遲到了，麻煩再等一下。」我的目光掃過整個大廳，細細檢視每個從玻璃旋轉門出現的人臉，當我再次望向時鐘時，上頭顯示為十點三十一分。我雖然直覺事情有些不對勁，但卻置之不理。可能第一場活動晚結束了吧！

時間開始走得好慢，我又聽到咖啡師對我說：「先生，您要點飲料了嗎？」已經十點四十五分了。我身旁的那張吧檯椅仍然空無一人。在我經歷了這一切，為了走到這一步付出得這所有努力，最後結果就只是這樣嗎？

我找出幕僚長助理的電子郵件，撥打她的辦公室號碼，強逼自己深呼吸。「嗨，溫蒂，我是艾力克斯．班納揚。我今天和幕僚長約在十點十五分見面，我知道他一定很忙，所以我非常感激他願意和我見面。我想確認一下，因為現在已經十點四十五分了，但他還沒出現。」

「你在說什麼啊，」她說，「他打給我說你沒有出現。」

原來，這間飯店有兩個咖啡吧，一個在飯店裡，另一個則是在會議中心那，是我走錯地方了。我把電話捏得緊緊的，試著振作起來，但我無法。淚水在眼框裡打轉，我對著溫蒂掏心掏肺地解釋自己為了獲得這次見面的機會，過去兩年經歷的這一切。

「好，」她說，「給我一點時間，我看看能幫你做些什麼。」一小時後，我收到溫蒂的一封信。她說幕僚長預計在下午四點半前往機場，他的座車會停在威斯汀飯店的代客泊車處，他答應在坐車到機場途中，讓我在車上和他聊聊。我實在太筋疲力竭了，不然真想高舉拳頭慶祝，儘管如此，我還是可以感受到臉上出現一抹虛弱的微笑。這次，我確定飯店只有一個代客泊車處。

改變世界的祕訣

由於還沒到約定的時間，於是我回到謝家華的露營車上，和他一起觀賞平面電視上轉播的 TED 大會；接著，又和謝家華的朋友一起吃了午餐。在回到露營車的途中，我試走了從威斯汀飯店代客泊車處回到露營車的這條路線，計算一下時間，只需要差不多一分鐘就夠了。我在手機上設好了一個四點十分的鬧鐘，確保我會提早抵達約定地點。

正當我癱坐在謝家華露營車裡柔軟的咖啡色沙發上時，一個男人也上了車。他後頭的陽光照在身上，所以我只看得到一個模糊的輪廓。他在我對面的沙發上坐下。他年紀不小，髮色灰白，留著白鬍子，還有個圓滾滾的肚腩。我覺得他看起來很眼熟，於是再看得更仔細一些，這才發現，他是理查·伍爾曼（Richard Saul Wurman），TED大會的創辦人。

「你，」他說，看向我這邊，「你覺得這玩意兒如何？」他指著電視上正播映的直播。TED大會創辦人問我覺得他創始的大會如何耶！

我和他分享了一些看法，在我意識過來以前，他已經開始娓娓道來創辦TED大會的始末。他說了一個又一個的故事，我完全被迷住了，覺得自己似乎打中一個裡頭裝滿智慧的皮納塔（piñata），試著塞進越多金塊到口袋裡越好。

「你想知道改變世界的祕訣嗎？停止試著改變世界！把事情做得盡善盡美，讓你的成果去改變世界。」

「如果不先領略到自己根本一無所知，你就無法在人生中擁有什麼太大的成就。因為你會過於自大，以為自己可以學到些什麼。你以為自己可以讓這過程加快。」

「一個人要怎麼做才能成功？去問問更年長、更聰慧也更成功的人，你會得到相同的答案：你得要非常非常渴望成功才行。」

「我不懂為什麼有些人演講的時候要用投影片。當你演說時使用投影片，你就讓自己成了圖說文字。絕不要當圖說文字。」

「我的人生有兩個座右銘。第一：不開口就不會得到；第二：大多數的事情都行不通。」

鈴～鈴～鈴～鈴！

我的手機鬧鈴聲音大作。已經四點十分了，但他還是在用時速一百公里的速度在說話，我完全無法在不打斷他的情況下插嘴。他的見解實在很棒，所以老實說，我也不想離開；更何況，我怎麼能這樣丟著 TED 大會創始人不管？管他的，我心想，就再按一次貪睡鍵就是了。

鈴～鈴～鈴～鈴！

在鬧鐘響鈴聲中，他繼續說著，我好像搭上一輛不停靠小站的高速火車一樣。我覺得自己似乎不該在他故事說到一半的這個時間點離開。反正泊車處離這裡只有一分鐘腳程，再按一次貪睡鍵好了。

我坐在那，等他該死的告一段落。我說不上來這到底是人生中最棒的一段談話，或是一場人質劫持危機。我不停看著時間，然後……

鈴～鈴～鈴～鈴！

「天才啊，」他說，「是不按牌理出牌。」他又重複了一次，「天才啊」，用他那深沉、彷彿無所不知的眼神看著我，「是不按牌理出牌。」我不知道該怎麼辦，只好跳起來說：「以後的某一天我可能會覺得後悔，但現在我真的得走了。」在他還來不及再吐出一個字以前，我就衝出了露營車。

我沿著人行道衝刺，在飯店車道向左切，看到了那輛禮車。穿西裝、打領帶的司機就站在車子前面。我喘著氣，一邊確認時間——我比約定的時間提早了一分鐘。

我把背靠在車上和司機閒聊著，一邊盯著飯店的玻璃旋轉門。幕僚長終於走出來了。他一隻手拿著一個皮製包包，另一隻手拿著手機。他深色的頭髮相當濃密，中間參雜著些許白髮，剛好和他的獵裝外套、雷朋墨鏡很合襯。他走向車子，拉低墨鏡。

「所以，你就是艾力克斯吧？」

我向他自我介紹，我們握了手。「請上車，」他說，一邊示意，「進來吧！」

我們坐下，車子駛出了飯店車道。

「告訴我，」他說，「你的計畫進行得如何了？」

「喔！很順利。」我回答，開始一一舉例，凡是能展現出動能的事，我都全部供出。

「那麼，」他說，「我猜你還是想訪問比爾，是吧？」

我說這是我最大的夢想。他沒有搭腔，點了點頭。

「你目前訪問過哪些人了？」

我抽出皮夾，拿出索引卡，已經採訪過的人的名字旁，被我打上了綠色勾勾。幕僚長用雙手拿著索引卡，像是在看成績單般細細檢視，眼睛緩慢地在這份名單上移動。

「啊！迪恩．卡門，」他說，「我們跟他很熟。」

「賴瑞金，」他繼續，「訪問他應該很有趣吧！」

在他正要說出下一個名字前，一股我未曾預期的感受冒了出來，使我打斷了他。

「這和是誰一點關係都沒有，」我開口道，聲音比自己想像得還要大聲。

他把頭轉向我，一臉困惑。

「這和是誰一點關係都沒有，」我又重複一次，「這和採訪也沒有關係，而是，嗯，這個嘛，我只是認為，如果這些領袖們為了某個目的聚集起來，不是為了要推廣什麼，也不是為了媒體效果，而只是，就聚在一起，和下一個世代的年輕人分享他們的人生智慧。我認為這麼一來，年輕世代就能成就更多……」。

「好了，」他說，大手朝上一揮，「我聽得夠多了……」

我全身都緊繃了起來。

他看著我，頭低了下來，說：「算我們一份吧！」

Step 5

打開第三道門

尋找比爾・蓋茲

比爾・蓋茲。

幾乎每個人都聽過這名字，但多數人並不了解完整的故事。在那副看起來相當呆拙的眼鏡和雜誌封面背後的這個人，在九歲時就讀完了整本《世界百科全書》。十三歲時，他崇拜的對象不是搖滾明星或籃球員，而是法國皇帝拿破崙。某一天在晚餐時間，他卻一直待在房間裡不出來，他媽媽高聲叫他：「比爾，你在幹嘛？」

「我在想事情！」他大喊著。

「你在想事情？」

「對啊，媽，我在想事情。妳有試著思考過嗎？」

雖然這聽起來實在有些惹人厭，但不知為何，我卻不禁覺得有點可愛。隨著我更深地挖掘蓋茲的人生，我就越覺得他是世界上我最能也最不能感同身受的人了。

八年級時，他的課餘時間都和朋友保羅・艾倫（Paul Allen）一起待在電腦室，自學在電傳打字機 ASR-33 上練習編寫程式碼。這實在完全讓我無法感同身受。大部分的高中孩子晚上都是溜出門參加派對，蓋茲卻是溜出門到華盛頓大學的電腦實驗室寫程式。這部分更是讓我難以理解。但另一方面來說，他利用電腦技巧幫他就讀的高中自動編排課表，還破解系統，把長得最正的女生分到自己這一班。這個，我倒很能感同身受。

高中畢業後，他進入哈佛大學就讀，主修應用數學。為什麼選擇這個科目？因為他發現了一個漏洞。他想出讓自己不管想上什麼課都可以優先選到課的方法：宣稱自己想「應用數學」到經濟學上，或「應用數學」到歷史上。比爾也喜歡為叛逆而叛逆，所以他常不去上那些明明已經選到的課，反而跑到他根本沒選到課的課堂去。

被媒體描繪為怪異、無趣的這個宅男，在大學時卻以時常熬夜到凌晨，和人玩賭資高昂的撲克牌局而為人所知。他二十多歲時，會在半夜偷溜進工地開推土機飆車，以此發洩壓力、排遣無聊。微軟草創的那段期間，他有時會從寫程式碼當中抽身，鑽進保時捷跑車裡，狠採油門，在高速公路上狂飆。

他對於速度的熱愛可不僅限於開快車。當讀到他在談很大的一筆軟體生意時，我彷彿像是在看一個天才棋手同時間和十個對手過招，從這個棋局跳到那局，眼睛連眨也不眨，一秒鐘就走了好幾十步，把對手打得落花流水。他朋友都還是剛從大學畢業的年紀，但他卻已經在會議室裡和世界上規模相當大的幾間公司——IBM、蘋果電腦、惠普過招，而且和他商討合約的對象，年紀幾乎都是他的兩倍大。腦海中出現的這個天才棋手比喻讓我發現，原來蓋茲是在玩編碼遊戲、銷售遊戲、協商遊戲、執行長遊戲、公眾人物遊戲和慈善家遊戲，而且在每場遊戲中全都展現出自己最出色的一面，更不用說，他在每場遊戲裡都是贏家。

一九九八年，微軟成了世界上市值最高的公司，這也使他成為世界上最為富有的人。最富有是多有錢呢？歐普拉已經有錢得要命了，祖克柏、霍華・舒茲（Howard Schultz）、馬克・庫班、傑克・道西（Jack Dorsey）和伊隆・馬斯克（Elon Musk）也都很有錢，不過呢，根據我準備採訪當時所蒐集到的資料，蓋茲的資產比上述這些人全部加起來都還要多。

從微軟執行長的位子退下來後，蓋茲大可以退休逍遙去，懶洋洋地待在遊艇上，享盡這世上一切的物質享受。但他沒有這麼做，而是迫不及待地開啟一場新棋局，接下更困難的挑戰，提供糧食給世上貧困的人們、研發無汙染能源、阻止傳染性疾病的傳播，並且讓有需要的學子可以獲得有品質的教育。我原先就知道比爾與梅琳達蓋茲基金會（Bill & Melinda Gates Foundation）是世界上最大型的慈善組織之一，但我不曉得原來它已經幫助了超過五百萬人的生活。由於蓋茲選擇用這種方式運用財富，使得全球嬰兒夭折率減低了一半。根據預測，再過五年，他的慈善計畫將能拯救另外七百萬名孩童，如果世界上真的有超級英雄，那一定就是蓋茲了。

我使用跟他有關的所有資訊來計畫這場訪問。我在筆記本上寫下好幾十個問題，再根據主題配上不同顏色。這些問題上至銷售，下至協商，我覺得自己好像在畫屬於自己的一張藏寶圖。

在和蓋茲見面前的一週，我和賴瑞、卡爾共進早餐，要他們給我一些訪問的建議。

「只要記住我之前跟你說的，」賴瑞說，一邊伸出一隻指頭，「祕訣就是沒有祕訣，做自己就好。」

「還有，訪問比爾時，要像在這裡採訪賴瑞一樣自在。」卡爾補上一句。

我吃完早餐離開時，覺得他們根本不懂得我承受的壓力。我哪有自在的本錢？這可不只是一場訪問而已！過去這三年裡，我為了這個任務用盡一切辦法，只為了此時此刻。我對出版社、經紀人和家人發誓，說自己一定會獲得採訪蓋茲的機會，從他那得到能改變我這個世代年輕人的建議，並且永遠、巨大地改變人們的職涯生活。這是聖杯！

我需要某個也做過類似事情的人的建議。我聽說葛拉威爾（Malcolm Gladwell）為了撰寫《異數》書中「一萬個小時的努力」章節採訪過蓋茲。所以，若要說誰能明白我即將面臨的處境，那這個人一定是葛拉威爾了。於是，我運用費里斯教我的陌生信件模版寫信給他，而葛拉威爾一天後立刻就回信給我了。

寄件人：麥爾坎．葛拉威爾
收件人：艾力克斯．班納揚
主旨：回覆：葛拉威爾先生，請給我一些採訪比爾．蓋茲的建議！

建議嗎？蓋茲是最容易採訪的對象了，他非常聰明，也很直接、充滿洞察力。只要確定你有廣泛、深入地做好和他人生相關的功課，不要浪費到他的時間就行了。多讓他說話，只要你願意，他會帶你往出乎意料的方向去。

祝你好運！

雖然我很感激葛拉威爾給我的鼓勵，但這還是無法讓我冷靜下來。我腦中的賭注太高了，蓋茲也令我覺得高不可攀，所以我根本無法放鬆。我需要某些東西讓我能把他從腦中那高不可攀的位子移下來。

我試著想像蓋茲在我這年紀時的樣子，我想像他穿著褪色的T恤和牛仔褲，躺在宿舍床上。我想起之前讀到一件發生在蓋茲就讀哈佛大學二年級時的事。當時，保羅・艾倫破宿舍門而入，把一本雜誌丟在他書桌上，那時他十九歲。

「比爾，我們竟然沒有參與到這件事！」保羅大喊著。

雜誌封面是一個光滑、泛著淡藍色的盒子，上頭有燈、開關和連接埠。這是世界上第一部微型電腦組合，愛爾他電腦（Altair 8800）。比爾快速看完內文，發現研發出愛爾他電腦的公司 MITS 雖然已經搞定了機器的硬體部分，然而還欠缺軟體。那時候微軟根本連影子都還沒有，但兩人不管三七二十一，寫了封信給 MITS 的創辦者艾德・羅伯茲（Ed Roberts），提議賣給他可在機器上運行的軟體。為了讓這封信看起來更有「樣子」，他們使用了印有兩人在高中時創辦的公司 Traf-O-Data 信頭的信紙。

毫無音信的幾週過去了，比爾心裡一定懷疑著，MITS 的創辦人是不是把信丟到垃圾桶裡了？他是不是發現我只是個青少年？

好幾年後，比爾才知道，原來 MITS 的創辦人不只好好讀了他們的信，而且還非常喜歡這封信，喜歡到他想和比爾購買軟體。他撥打了信頭上的電話號碼，結果接電話的是某個女人，原來比爾和保羅忘了信頭上的電話是高中同學家的號碼。

但他們並不知道這些，所以，兩人在比爾的宿舍房間裡爭論著該如何跟進。比爾把電話交給保羅。

「才不要，你打啦！」保羅說，「你比較擅長這些。」

「我才不要打，」比爾吼回去，「你打！」

我想，即便是未來即將成為世上最富有男人的蓋茲，也同樣會受到「糗糗」的荼毒。最後，兩人達成了共識，由比爾打電話，但說自己是保羅。

「你好，我是波士頓的保羅・艾倫，」比爾用他發得出最為低沉的嗓音說。MITS 是間小公司，所以要和創辦人接上線並不難。「我們手上有一套即將完成的軟體，可以供愛爾他電腦使用，我們想前往貴公司展示給您看。」

創辦人的態度很開放，說兩人可以來 MITS 所在的新墨西哥州阿布奎基（Albuquerque）展示軟體。比爾開心得要飛上天了，只不過，他有一個大問題，他手上還沒有任何軟體。

接下來這一週，比爾用上每分每秒編寫程式；有幾個晚上，他甚至連床都沒沾。某晚，保羅走進房間，發現比爾像隻貓般蜷著身子，在地板上的終端機旁睡著了。另個晚上，保羅看到比爾睡死在椅子上，用鍵盤枕頭。

經過漫長的八個禮拜後，比爾和保羅完成了要給愛爾他電腦使用的軟體。在討論誰該飛去阿布奎基簡報時，他們用了最基本的邏輯決定由保羅代表，因為他有鬍子。

保羅有了軟體在手，搭上飛機。飛機起飛時，他在腦中模擬簡報過程，這時他才發現，喔我的天哪，我們沒有為這東西做啟動器。啟動器（Loader）是一段代碼，能告訴電腦「這東西是軟體」，沒有啟動器，代碼就沒有作用。保羅縮在折疊桌前，依據模糊的記憶，草草在筆記本上寫著代碼，最後終於在飛機機輪著地前完成。不過，他沒有辦法測試這些代碼。

隔天，保羅抵達 MITS 總部，創辦人帶他認識環境。他們在一張放著愛爾他電腦的桌子旁停下。這是保羅第一次看到機器本人。

「好啊，」創辦人說，「那麼我們來試試吧！」保羅做了個深呼吸，載入軟體，然後……軟體真的能用。保羅和比爾談妥這筆交易，簽了合約，就這樣賣出了第一套軟體。

對我來說，這故事中有個功課特別引起我注意。雖然蓋茲編寫程式的天分令人印象深刻，但如果當初他在宿舍沒有克服自己的恐懼，拿起電話打給 MITS，那麼這一切都不會發生。正因為他能去做這些困難、不舒服的事，所以他才獲得了這個機會。解放成就未來的潛力，操之在自己手中，但你得先拿起那個該死的話筒。

雖然這是很好的一課，但我卻覺得這遠稱不上是什麼聖杯。我採訪蓋茲時，一定還得再挖出一些令人驚奇、充滿力道、能改變人生的真知灼見，我得進入其他訪問者從未曾涉足之處。

對我來說，聖杯是一個活生生、會呼吸的真理。因為有它，我才能在過去兩年中在泥濘裡掙扎前行。現在的我已經很接近了，對於聖杯，我更是勢在必得。

訪問前一天的早上，我把東西打包放進旅行袋，把筆記本收進背包裡，朝西雅圖出發。

比爾・蓋茲：成就解鎖

我走過一道如黃金般閃亮的走廊，走廊盡頭是一扇門。

一名助理請我在此稍待，之後便消失在門後，留我在原地瞅著那扇頂天立地的霧面玻璃門。我仔細地看著以深色皮革包覆，周圍鑲著銀邊的門把，好似它上面有什麼線索似地努力研究。就算只是很小的細節，都能引領我找到聖杯，而且正因為我不知道它埋藏在哪，所以任何一丁點細節都不容放過。

畢竟，我可不能就這樣走進去說：「唷，比爾，聖杯在哪啊？」你不能這麼做。你也不能冀望蓋茲會給你什麼線索，他可不會放尊佛像在桌上然後說：「呃，你看到這尊佛像了嗎？我把它放在這是為了提醒自己做生意的祕訣……」我得自己找到線索，而且也沒剩下太多時間，等我們開始談話時，我就得全神貫注在當下，所以用眼睛找到線索的唯一機會，就是當我走進門的那時候。

就在這時，霧面玻璃門喀地打開了，一切都好像是慢動作一樣。站在我正前方的，是啜著健怡可樂的比爾．蓋茲。他微笑著，用好像要說「乾杯」的姿勢舉起可樂罐。

「你好啊，」他開口，「請進吧！」

我一踏進門廊，就覺得自己好像在參加九〇年代的電視節目《超市大挑戰》

（*Supermarket Sweep*），參加者得在超市通道裡跑過來衝過去，找出最昂貴的品項，把它們掃進購物車裡，然後在結束鈴聲響起前，快速抵達結帳櫃臺。不過對我來說，則是要盡可能地找到所有細節，儘快把它們都記下來，再從中篩選出能讓我找到聖杯的線索，而以上這一切都得在我們開始談話前完成。蓋茲走向辦公室的會客區，而我只聽得到腦子裡的聲音喊著：「各就各位……預備……開始！」

蓋茲的書桌是由木頭製成，很整齊，桌上放了兩架顯示器；桌子後方是一張麥芽威士忌色的高背皮椅；陽光從頂天立地的玻璃窗流溢進來，牆上五張照片的玻璃相框被照得閃閃發亮。其中之一，是蓋茲和巴菲特兩人笑得開懷的照片；另外一張，則是蓋茲和波諾的合照；第三張是一個母親抱著嬰孩的照片，拍攝地點顯然是在第三世界國家。相框下方，是一張被擦拭得亮晶晶的橢圓形咖啡桌，桌上疊了兩本書。其中一本書的作者是史蒂芬·平克（Steven Pinker），我在腦中做了筆記「去買史蒂芬·平克的書」。會客區兩頭各擺了兩張淺灰色扶手椅，在兩張扶手椅中間則是一張棕色沙發。蓋茲坐在其中一張扶手椅上，我注意到他穿的黑色圓頭樂福便鞋上有著流蘇，我在腦中的筆記本裡又加上一筆「去買雙有流蘇的樂福鞋。」他穿著暗色、寬鬆的褲子，襪子皺在腳踝上方。他穿了一件深金色，幾乎可說是芥末棕色的高爾夫高爾夫球衫，合身但不貼身。他的……

我腦袋中的計時器開始計時。

「所以，這是你的第一本書嗎？」蓋茲問我。

蓋茲招牌的高亢嗓音在現場聽起來頻率更高了，我不由覺得他似乎真的很興奮能見到我。

他祝賀我，說我訪問到的那些人都讓他印象深刻。接著又問我怎麼認識陸奇的。

蓋茲的幕僚長走進房間，和我問好，在我身旁坐下。「我想可以訪問個四十五分鐘，」他說，「所以我覺得我們應該直接進入正題，才能妥善利用這段時間。」

我把錄音筆放到桌上，盯著筆記本。我想先談談他第一次創業時的情景。

「我讀到你在高中創立 Traf-O-Data 的那段時間，」我說，「你從這個過程中學到哪些經驗，在之後創立微軟時派上了用場？」

「這個嘛，」蓋茲回答，「那時候是保羅和我一起弄出這玩意的。這對我們兩個都很有幫助，因為那是非常有限的微處理器……」

一開始，蓋茲的語速很慢，然後，就好像開關被打開一樣，他轉著椅子，盯著牆壁，搖身一變成為有聲書版的《世界百科全書》，而且是以兩倍速播放。

「……全世界第一個微型處理器是在一九七一年問世，型號是四〇〇四，基本上它的效能根本無法做任何事。保羅看到以後拿來給我看，他也知道用這玩意兒搞不出什麼名堂。接著，八〇〇八在一九七三年上市，保羅問我可不可以為它寫個培基（BASIC）指令，但我拒絕了——等一下，不對不對，我搞錯日期了，八〇〇八是在一九七二年上市，一九七四年推出八〇八〇……。」我來採訪是想找出細節，但現在，我被如雪崩般的細節淹沒了。

「……我們決定只做有特殊用途的東西，所以後來又找了一個會弄硬體的夥伴，但接著我們又發現，馬路地下埋設了一些測量交通流量的管線，測量後把測量結果打在紙帶上。我們一直覺得，應該可以用電腦來做這件事。我們找了人來處理這些數字，然後我們檢視這些數字，把它們抄錄下來，用卡片登錄這些資料，再把這一串資料放進電腦裡，接著……」雪崩一波又一波地來，我的頭根本露不出「雪」面。

「……所以我從大學休學，保羅找到了一份工作，我們不斷討論，如果未來要創業，那麼究竟該往硬體或軟體發展。最後在一九七九年，我們終於成立了一間專注在軟體上的公司。不對不對，我們應該是在一九七五年成立的，對，抱歉，是一九七五年沒錯。是在一九七九年搬到西雅圖……」

十分鐘咻地一下就過去了，但我卻覺得好像只過了十秒鐘。一股恐懼感穿透我全身，萬一整場訪問就像四十五秒鐘一樣，倏地就結束了呢？

就在這時，辦公室的門打開了。

「抱歉打擾，」一位女士探投進來，「但珍在線上，她問我能否請你去接個電話？」

「好，」蓋茲說，從扶手椅上站起身來。「我馬上回來，」他對我說，「一下下就好。」

幕僚長靠向我，小小聲地說：「是他家人。」這就好像救援直升機終於出現了一樣。

門關上。

我攤軟在沙發上，重重地吐出一口氣。

蓋茲沒有給我很厲害的答案

我發狂似地把筆記本翻過來又翻過去，翻看著我準備好的這些問題。

「這……這對你有幫助嗎？」幕僚長問我，「從這個角度切入？」

當初是我要幕僚長也一起參與訪問，想說必要時可以給我一些幫助；現在的他正試著幫我。我的第一個問題想得不夠周密，明明這時我該回答：「對啊，我需要一些幫忙，」但我太害怕說實話會讓我看起來很不專業。

「呃，是啊，」我說，「我覺得還不錯。」

「好吧，」幕僚長回答，「那就好。」

我重新埋首於我的筆記本。要說有什麼東西能引領我找到聖杯，那一定是和策略性商業或銷售相關的問題。毫無疑問，蓋茲人生中最重要的一筆交易，就是一九八〇年在博卡拉頓辦公室和 IBM 談成的那樁生意。當時他二十五歲，而 IBM 是那時全球最大的科技公司。由於談成這筆生意，使得微軟在接下來的幾十年間主導了整個軟體業界。IBM 後，他又敲定和惠普的合作，骨牌一一倒下。蓋茲會這麼告訴個人電腦廠商高層：「你要把賭注押在二流玩家使用的作業系統上，還是有 IBM 背書的作業系統？」這是蓋茲迎向成功的轉捩點，然而沒有任何一本自傳提到他是怎麼談成這筆生意的。

「我跟我朋友說這個故事時，」我告訴幕僚長，「他們都希望我問一個問題：如果比爾要上一堂只有五分鐘的課，教大家該怎麼應對這類重大的銷售會議，那他會上什麼內容？」

「這問題不錯，」幕僚長說，「我喜歡。」

辦公室的門打開。蓋茲坐回到那張扶手椅上。我問他這個問題。

「當時，」他說，「我還年輕，而且看起來甚至更年輕。IBM 圍著桌子的那些人起初是有些不太信任我。」他解釋說，銷售會議的第一步就是打破這些質疑，而最好的方法，便是運用自己的專業震住對方。蓋茲會用很快的速度說話，並且迅速丟出各種細節：字符集、電腦晶片、程式語言、軟體平臺，直到你無庸置疑地證明自己不只是個孩子。

「幾乎每次他們問我們要多久才能做到某某事，」蓋茲繼續說，「我們就會說，『這個嘛，實際上我們完成的速度可能比回答你的速度都還快！』所以你什麼時候需要？一小時後嗎？」

他這種「說大話」的技巧並沒什麼新意，但他承諾 IBM 的這種速度顯然是不可能達成的。事實上，微軟最後花了幾個月的時間才交出軟體。但長遠來看，這根本不礙事。重要的是，蓋茲知道大型公司的大問題其一，是行動緩慢，所以他恰好利用對方最需要的事物作為賣點。

蓋茲接下來告訴我的事，則完全翻轉了我所認為的生意本質。他認為，與其從 IBM 榨取每一分應得的金額，少拿一些錢其實反而是好事。他相信，其他公司終究也會進入個人電腦市場，而如果他和 IBM 談成生意，其他電腦公司會願意提供微軟更肥厚的合約。

「所以，這筆生意能讓我們從 IBM 那賺到一些錢，」蓋茲解釋道，「但從後來的那些公司手中卻賺到更多錢。」蓋茲想要獲得比現金更值錢的東西，戰略地位。假若今天談成一筆還不錯的交易，並且能讓你日後繼續談成更多生意，那麼就好過今天談成一筆很棒但毫無遠景的交易。這門課顯而易見：選擇長遠的定位，而非短淺的利益。

如今回頭再思考，我應該要為他所分享的這一課深深感恩；但當時的我卻只是坐在那，心想著：「你是認真的嗎？就這樣？我的聖杯在哪？」

我花了好長一段時間才明白自己為何如此盲目。我屬於內容農場世代，蓋茲分享的內容無法發在推特上，或被包裝成「世界首富的十個令你意想不到的致富祕訣」這類的條列式標題，所以我無法意會到其價值所在。我心想，聖杯一定被埋在別的地方，於是我繼續問蓋茲有沒有什麼協商的祕訣。

「和年紀比你大這麼多，也更有經驗的人協商是什麼感覺？」

「嗯，IBM 也有一些限制。」他回答，開始談起了程式碼和無限清償責任，但在我看來，這兩件事似乎和協商沒啥關係。我不懂他為什麼不回答我的問題。

只有後見之明的我日後才明白，他的確回答了我的問題，只是並非用我想要的方式。

後來我在重聽訪問錄音時，才真正了解到他到底在說什麼。

在和 IBM 協商期間，蓋茲知道自己得維持微軟程式碼的私密性，但同時，他也知道自己無法要求 IBM 不要拿走程式碼，畢竟對方出錢就是要買程式碼。蓋茲找出 IBM 最不希望發生的事就是纏訟大型官司，便由此擬定他的策略。蓋茲在合約中堅持，若 IBM 不小心洩漏程式碼，那麼 IBM 就需負起無限清償責任。也就是說，如果哪個員工在不知情的狀況下外洩編碼，微軟就有權控告 IBM，並要求上億元的賠償。這招把 IBM 的律師團嚇個半死，最後他們決定放棄擁有程式碼，而這正是蓋茲的目標。其中的教訓：找出對手懼怕什麼，然後把它化為你的優勢。

「這是非常需要策略的東西，」蓋茲得意地笑著，「是史蒂夫·鮑默和我兩個人一起想出來的。」

然而，整場訪問中，我都聽不進這些話。我又吸了一口氣，想把問題問得更精確：「你如何和羅伯茲談判？」羅伯茲是買下蓋茲第一套軟體的公司 MITS 的創辦人。

我希望可以聽到某種祕笈清單，諸如：「第一，坐在椅子上；第二，以某個特定姿勢和對方握手；三，當剩下一分鐘時，站起來，看著他們的眼睛，然後說……。」但當然，蓋茲完全沒這麼說，而是告訴我羅伯茲的生平，接著又告訴我 MITS 的商業模式為何。

又一次，我只有在回溯過往時，才明白這個答案有其道理。蓋茲的意思是，了解你正在應對的對象的背景，甚至成為研究他的專家是很重要的一件事。比如說，蓋茲就盡可能去了解MITS創辦人的個性、怪癖、成功經驗和夢想。更重要的是，蓋茲去認識羅伯茲的商業模型、財務限制、資本結構和現金流問題等。

但我還是聽不進去。我看了看手錶，時間快到了。我驚慌起來，又問了第三次和談判有關的問題：「一般人在協商時最常犯的三個錯誤是？」

蓋茲嘆了一口氣，看著我，一副不明白我為什麼不懂的表情，然而，他還是試著回答我的問題，只不過聽起來就像是：「呃……就是沒有去做我剛剛說要做得那些事……」

我坐在那想著，「這人有什麼問題啊？他為什麼不給我一個『真正』的答案？」然而我卻從未有過「有問題的人是我，而不是他」的這麼一絲念頭。

蓋茲告訴我多徵詢他人的意見，盡可能花「非正式」的時間和他們相處，讓他們幫助我。現在的我終於瞭解，蓋茲其實是要我別再去追尋那些內容農場的條列式祕訣。最好的談判策略就是和對方建立真摯、可信賴的關係。如果你是個沒沒無名的新創企業家，而和你接洽的人不願意花時間、精力和你相處，那麼他／她又怎麼可能願意和你做生意？而另一方面來說，如果這個人是你的導師或朋友，你可能連協商都可以免了。

這是我最不想從商業世界裡的棋局大師那聽到的建議了。我以為他會和我分享實戰祕訣，但他卻只要我和對方當朋友，這樣就不需要打仗了。

幕僚長清了清喉嚨：「你還可以問最後一個問題。」

或許吧……

我翻過筆記本，一頁又一頁，我還有好多還沒問的問題。管他的，我心想，如果我還有和比爾．蓋茲相處的這最後一分鐘，那我不如乾脆找些樂子好了。

我把筆記本丟到一旁。

「你早年印象最深刻、最瘋狂、最有趣的協商經驗是什麼？」

蓋茲花了一點時間回想。

「這個嘛，」他說，把交叉的手放下，「跟日本公司協商總是很有趣。」他的目光上移，似乎像在用思緒的眼睛觀賞電影。他告訴我和一群日本高層開會的故事，我可以感受到他很興奮。蓋茲用盡全力簡報，解釋了一次又一次，最後，他詢問對方是否想簽約。這些高層聚在一塊兒，用日文彼此交談了一陣，一分鐘過去，五分鐘過去，十分鐘過去，二十分鐘過去。最後，他們準備宣判結果。

「答案是……」一陣戲劇化的停頓後，「或許吧！」

「『或許』，在日本文化中的意思差不多就等於拒絕，」蓋茲說，「然後我們告訴他們：『喔，你們的律師英文說得真好！』他們回我們說：『這樣啊！但他的日文很糟啊！』」

幕僚長和我放聲大笑，過去這四十五分鐘的緊張頓時立消。

蓋茲立刻又分享了另一個故事，這次的主角是另一間日本公司的行政高層。這人飛到西雅圖去，現身在蓋茲辦公室，堆疊大量的溢美之詞，不斷說著微軟有多好。這讓蓋茲緊張了起來。因為微軟發送軟體給這間公司的時間延遲了，所以這些讚美根本沒有道理可言。這個行政高層繼續表現得非常寬厚，又繼續讚美了一番，蓋茲不禁懷疑，他真正想表達的意思是什麼？他是想買更多軟體嗎？最後，這人終於講到了重點。

「蓋租先省……我們想買的……」又是一個戲劇化的空白，「……是你。」

我們三個又哈哈大笑，在這四十五分鐘裡，我第一次覺得這不像是個訪問，而是三個歡聚在一塊兒的傢伙。

「你怎麼回答，」幕僚長邊笑邊問，「答案是或許吧？」

我們又說笑了一陣，然後幕僚長彎下腰，拉起公事包的拉鍊。蓋茲讀懂了這個暗示，隨即也從扶手椅上站起身。

「你在和那些日本人談判時大概幾歲？」我問道。

「我在日本的全盛時期大概是十九到二十三歲之間，這大半都要歸功給我朋友兼商業夥伴西勝彥（Kay Nishi）。我們倆那時常跑來跑去，睡在有兩張單人床的飯店房間裡。人們會在半夜打電話給我們，我記得有個晚上我們連續睡了大概三小時，然後我搖醒他，問他：『嘿！我們的生意沒問題嗎？已經三個小時沒有人打電話給我們了！』」

蓋茲又繼續說了一些，我注意到房間裡漾出一股溫暖的感覺，這讓我很後悔沒有用這種方式進行訪問。但現在已經太遲了。蓋茲和我握了握手，跟我道別。他朝辦公桌走去，我則往門口移動。在踏出房間之前，我轉頭想再看最後一眼。當一切感覺都對了時，一切卻也都結束了。

拉大格局、改變思維

二個月後，儲物櫃

我覺得好像又被困在舊的惡夢裡。我又再次蜷曲著身子坐在書桌前，雙手抱著頭。

你在跟我開玩笑吧？

當我第一次和蓋茲的幕僚長在TED大會見面時，他不只告訴我蓋茲會接受訪問，還說會幫我搞定和巴菲特的訪問。蓋茲和巴菲特是好朋友，要說有什麼人可以說動巴菲特，那一定就是蓋茲了。幕僚長確實聯絡了巴菲特的辦公室，雖然我不知道究竟發生什麼事，但幕僚長後來寄給我一封電子信件，內容是這麼寫的：

請別再打電話給巴菲特的辦公室了。謝謝……

我真不敢相信！不僅因為答案又是「不」，而且由於我如此不屈不撓，最後竟讓自己上了黑名單？

沒有任何一本商業書講到這個，那些勵志名言也沒警告過我死纏爛打的危險。我從沒一次停下來捫心自問：「我是那種人們會願意幫助的人嗎？」不，我只是一直打電話給巴菲特的助理，一週復一週。而被連續拒絕好幾個月後，我還是毅然決然飛去奧馬哈，送給她一隻該死的鞋子。我太執著於完成自己的目標，以致於對達成目標的方式全然盲目。我給自己挖了一個這麼深的洞跳，即使現在蓋茲想拉我出洞也沒辦法了。

我早該在很久前就學到死纏爛打的危險了，那時我不斷騷擾費里斯，寄給他三十一封信，搞得他完全不想跟我沾上邊。他之所以答應接受訪問，只是賣 DonorsChoose 執行長的面子而已。費里斯最後答應我的這個事實，讓我誤以為是自己的勝利。而現在，由於在巴菲特這兒吃了閉門羹，我才開始花時間省思。人生會用同樣的課題不斷痛擊你的頭，直到你願意好好聽課。

我上課一定不是聽得很認真，因為巴菲特並不是我唯一的問題。離開蓋茲的辦公室後，我又陸續寄出更多採訪邀請，同時也收到更多拒絕，上至女神卡卡、柯林頓、最高法院大法官索妮亞．索托馬約爾（Sonia Sotomayor），下至麥可．喬登（Michael Jordan）、亞莉安娜．哈芬頓（Arianna Huffington）、威爾．史密斯、歐普拉；而當我回頭去找史匹柏時，連他也拒絕了我。

一開始我以為史匹柏拒絕我應該是弄錯了。當初我們見面時，他看著我的眼睛，親口告訴我再回頭去找他。峰會的一個朋友把我介紹給史匹柏電視製作公司的共同主席，讓我可以解釋這整個情況。共同主席親自為我傳達了訊息，但史匹柏的答案仍然是否定的。共同主席又試著從另外一個角度切入，再詢問了第二、第三次。答案仍是「不」。

到底該死的是怎麼一回事？

我砰地闔上筆電螢幕，在儲物櫃來回踱步，但這地方實在小不拉機，反而更令我覺得挫敗。我拿出手機，傳了簡訊給艾略特。

需要建議。你在嗎？

手機都還沒放下，鈴聲就響了起來。

「也太快了吧！」我說。

「當然快，」艾略特回我，「怎麼了？」

「我快瘋了。蓋茲的幕僚長告訴我要累積動能，所以我就這麼做了；葛拉德威爾提到轉捩點，我就努力達成。我一直以為，只要訪問到蓋茲，其餘每件事就會水到渠成了。可是現在根本就沒有比較好！」

「你這個白痴！我們第一次見面時你就一直問蠢問題，我那時就告訴過你根本就沒有轉捩點這種東西。要達成目標，都要靠一小步一小步累積起來的。」

我無話可說。他確實這麼說過。

「你只有事後回想時才會看到所謂的轉捩點，」艾略特補上一句，「你在泥濘裡時是不會感覺到它的。所謂的創業家，就是不斷推擠，而不是轉東轉西的。」

「好吧，我懂你要說的，」我說，「但你知道什麼讓我最不爽嗎？這些拒絕根本一點幫助都沒有！他們總是這麼說：『哦！我們很喜歡你在做的這件事！很可惜他的行程實在太滿了！』他當然忙啦！蓋茲也很忙！如果他真的想做某件事，他就會撥出時間來。我不只是被拒絕，他們連拒絕我的真正原因也不肯跟我說，我該怎麼辦？」

「老弟，這就是我的人生寫照啊！這就是所謂的『狗屁拒絕』。我每週都會聽到上百次。你就是得建立人流庫，這樣當某個人狗屁拒絕你的時候，你手上還有另外三十個人可以進攻。」

「你知道為什麼建立人流庫有用嗎？」艾略特繼續說，「一年半以前，那時你寫信給我，要我給你一些建議。但你不知道的是，一個月以前我許下了想成為某人導師的新年願望。」

我聽得目瞪口呆。

「很瘋狂，對吧？你絕對不可能知道這個。我的重點就是，我很確定你不只寄信給我尋求建議。你可能問過十來個人，但就因為這個你無法預見的外部原因，事情就這樣成了。你絕對不可能知道人流庫中的那些人目前的生活情況如何，你也不可能去預測他們的心情或他們今天是否特別樂於助人。你只能做一件事：掌握自己的努力。」

「但如果人流庫裡面發生的三十件事通通都不管用，塞住了水管呢？」

「那你就得做兩件事：一，**拉大格局**；第二，**改變思維**。」

「拜託，老兄，不能給我一些比較具體的建議嗎？」

「我沒辦法給你所有答案，但我可以舉個例子給你聽。在華盛頓特區舉辦的那場峰會活動，剛開始我們竟然找不到任何一個可以來做主題演講的人。大家都說他們很忙。TOMS的麥考斯基（Blake Mycoskie）也說不能來。完全是一場災難。所以呢，我們拉大格局，比爾．柯林頓；同時，也得改變思維，替柯林頓的基金會籌辦一場募款餐會，這麼一來，他就非出席不可了。等他確定加入後，我們就打給先前已拒絕過一次的西蒙斯（Russell Simmons），詢問他是否願意擔任介紹柯林頓的引言人，這麼一來，他也答應了。接著，我們又把活動安排在透納（Ted Turner）剛好會待在華盛頓的那段時間，而既然柯林頓已經答應出席，透納也就點頭了。然後，我們又回頭去找麥考斯基，他還是說自己排不開行程，於是我們轉了個彎，改邀他和他的偶像透納一起主持問答流程，當然，我們早就知道透納是他的偶像。磅！所以麥考斯基也加入了。你就是得提出人們無法拒絕的提議。」

我腦中突然有了個點子：「我在想……」

「好啊！」

「我還沒說完，我在想……」

「好啊！好啊！好啊！不管你在想什麼，答案都是『好啊』。人們才不想要平凡無趣的垃圾事，你得要拉大格局、改變思維。不要一輩子都『在想』，付諸實行就對了。」

一週後，中央公園，紐約市

我拉上夾克拉鍊，跟著艾略特在人群中穿梭。現在已經天黑一小時了。在我們正前方是一座戶外舞臺，被如岩漿般赤紅的舞臺燈照得晶亮。約翰．梅爾（John Mayer）站在燈光下，把吉他背帶甩過肩膀，引起六千名粉絲的尖叫。

我是來紐約敲定訪問，並且建立起人流庫，好讓我的任務起死回生。艾略特邀我參加這個音樂節，而現在，我們正想辦法走向舞臺。我們往前移動時，艾略特看到某個他認識的人，他揮揮手，朝對方走去。

我站到一旁，讓他們敘敘舊。一分鐘後，艾略特抓著我的肩膀，把我往前推：「麥特，」艾略特說，「你認識艾力克斯嗎？」

艾略特的朋友搖搖頭，看起來不怎麼感興趣。他大約四十來歲，肩膀很寬。

「你會愛上他的，」艾略特說，「艾力克斯正在進行一項計畫，計畫的理念和你的想法不謀而合。他已經訪問過賴瑞．金、比爾．蓋茲……」。

麥特的眼皮稍微睜開了一些，艾略特要我告訴麥特參加《價格猜猜猜》的故事，過程中，麥特一直聽得哈哈大笑。艾略特又再次切入，「艾力克斯，告訴麥特你告訴過我的那個比喻。你知道的，就是那個第三道門。」

艾略特和我在幾天前通過電話，他問我有沒有發現目前訪問到的對象都有一個共通點。我告訴他，其實我一直在思考一個比喻。我採訪的每個人都用同樣的態度對待人生、事業和成功。在我眼中看來，這就像是要進去一家夜店，會有三種方式。

「首先是第一道門，」我告訴麥特，「也就是大門，長長人龍在街角拐了個彎，九九%的人都是這樣在隊伍裡等待，想要進門。」

「然後是第二道門，貴賓入口，億萬富翁、名流和那些含著金湯匙出生的人可以從這裡進門。」

麥特點著頭。

「學校和這個社會都讓你以為進門的方式只有兩種。但過去幾年裡，我發現，總是、總是會有第三道門。這個入口，是你得從排隊人群中衝出來，奔進巷子裡，猛敲大門一百次，翹開窗戶，偷偷摸進廚房才能找到，然而你一定找得到這扇門。不論是賣出第一套軟體的比爾．蓋茲，或是成為好萊塢史上最年輕導演的史蒂芬．史匹柏，他們都走了……」

「第三道門，」麥特說，臉上露出一抹微笑，「我他媽這一輩子一直都這麼過的。」

我看看艾略特，他正得意地咧嘴笑著。

「艾力克斯，」艾略特說，「你知道女神卡卡的社交網絡是麥特負責的嗎？」我還來不及回應，艾略特就繼續接著說，「你不是跟我說你想採訪她嗎？」

艾略特當然知道我想採訪啦！一年前就是他介紹女神卡卡的經紀人給我認識。自此之後，我試著和他建立關係，去他的辦公室找他，寄信、打電話給他；但每次只要提起採訪女神卡卡這件事，他總是拒絕我。事實上，幾個禮拜前他才又拒絕了我一次。

「我很想採訪她。」我說。

麥特看著我，點點頭。

「這個嘛，」他說，「艾略特和她的經紀人是朋友。你怎麼不叫艾略特打給他，安排一下？」

我不想承認自己被拒絕，所以回答說，這是個好點子。

約翰．梅爾正唱到「等著世界改變」時，艾略特又瞄到了另一個朋友，跑過去打招呼。麥特和我繼續聊了一陣我的任務，然後他拿出iPhone，開始瀏覽起相簿。他把螢幕朝我的方向傾斜，螢幕上是他和女神卡卡在演唱會後臺的合照，女神卡卡的手勾著他；麥特的手指繼續滑動，另一張照片是他們兩人在辦公室的照片，卡卡站在辦公桌上，高舉著雙手。

麥特不停滑著照片，他和前國務卿萊斯（Condoleezza Rice）參加高爾夫巡迴賽的照片、和東尼．霍克（Tony Hawk）在U型半管上溜滑板的照片、和俠客歐尼爾（Shaquille O'Neal）一起敲著納斯達克股票上市鐘的照片、和Jay-Z在某個表演後臺的合照，還有和南非總統曼德拉（Nelson Mandela）一起坐在沙發上的照片。

麥特身上似乎散發出一種如重力般的吸引力，我可以感覺自己被慢慢捲入。我問他是怎麼開始他的事業，他告訴我一個又一個第三道門的故事。他先是受訓成為美國陸軍遊騎兵，後來又因為受傷退伍，退伍後改行玩對沖基金。接著，他又創辦一個電商貿易的科技平臺，開始投資包括優步（Uber）、帕蘭泰爾技術公司（Palantir）在內的新創產業，接著，饒舌歌手五角（50 Cent）打電話給他，從這裡連上了女神卡卡。我們聊了將近半小時，然後突然有隻手拍了我的背。

艾略特說我們得走了，麥特和我交換了聯絡資料。

「如果你有造訪聖地牙哥，」他說，「跟我說一聲。你可以來我牧場玩玩。」

我聽到艾略特用幾乎聽不到的聲音說：「機會在你面前……趕快行動」，但當我瞥向他時，他的嘴唇動都沒動。原來是我腦子裡的聲音。

「你知道嗎？」我說，「其實我下個月就會去聖地牙哥。有地方可以待挺不錯的。」

「那就這麼說定了，」麥特說，「我們有間空屋，裡頭有兩間客房，就都任君差遣囉！」

史蒂夫．沃茲尼克：誰說賈伯斯比較成功？

一個月後，洛杉磯

「棒極了！」卡爾說。

我又回到賴瑞的早餐桌旁。我告訴他們，再過幾天我就要去訪問蘋果公司的共同創辦者史蒂夫．沃茲尼克（Steve Wozniak），是他親手組裝出全世界最早問世的個人電腦。艾略特建議我創造出人流庫的策略開始發揮功效了。

「最棒的地方是，你不會再犯和採訪比爾．蓋茲時一樣的錯誤了，」卡爾補上一句，「這一次，你不可能再那麼緊張了。因為他可是沃茲啊！」

「你們要在哪裡採訪？」賴瑞問我。

「庫柏提諾（Cupertino）的某間餐廳。」

「我剛起步時，」賴瑞說，「曾經在邁阿密的龐普尼克快餐店（Pumpernik's Deli）做過訪問。餐廳是好地方，因為大家在那兒都只想好好享受。」

「艾力克斯，幫我個忙，」卡爾說，「這次別帶著你的筆記本。就當是一次實驗。如果這次訪問不成功，那你就算在我頭上好了。」

我有些猶豫，但我想，在經過訪問蓋茲的種種後，試試看也無妨。幾天後，我搭上飛機，不過幾小時後，我就已經朝著離蘋果公司總部兩個街區之遙的「滿吉樓」走去。我站在大門口外頭等待時，我的電話響了，是萊恩。

「那個沃茲？」我告訴他等下要幹嘛後，他這麼問我。「老兄，我知道你一直得不到訪問機會，但沃茲的高峰期大概已經是二十年前的事了。你去看看《富比士》雜誌的富豪排行榜，他根本連邊都沾不上欸！我不知道你幹嘛要採訪他。不過，你知道嗎？或許訪問他也不是壞事啦！你可以挖挖看為什麼他沒有像賈伯斯一樣成功。」

我還來得及回話前，眼角餘光就瞄到了沃茲尼克的身影，他正大步朝我走來，他穿著球鞋，戴著太陽眼鏡，襯衫胸前的口袋裡，插著各一支筆和綠色雷射簡報筆。我掛上電話，跟他問好，兩人一起走進餐廳。

餐廳裡是如海般的白色桌布。我一坐下就拿起菜單，但沃茲尼克示意我放下菜單。他叫來侍者，彷彿像個可以點所有自己喜歡吃的甜點的小朋友，熱情地替我們兩人點了一桌子菜。桌上很快就擠滿了炒飯、蔬菜炒麵、中式雞肉沙拉、芝麻雞、蜂蜜腰果明蝦、蒙古牛肉和酥脆蛋捲等。雖然還沒開始大快朵頤，沃茲尼克已經是我遇過的所有人裡，看起來最快樂的一個了。他談著自己的老婆、養的狗、最喜歡的餐廳，或是即將開著車去太浩湖旅遊，沃茲尼克看起來相當熱愛生活中的每件事。

他說，他和賈伯斯是在一九七一年時認識，相遇地點就在離我們現在坐的地方幾公里外。賈伯斯那時還在讀高中，而沃茲尼克是大學生。兩人是經由共同朋友比爾·費南德茲（Bill Fernandez）介紹認識，兩人一拍即合，花了好幾小時坐在人行道上笑鬧，分享彼此惡作劇的故事。

沃茲尼克說：「我最喜歡的惡作劇發生在大一時。那時我組了一部電視訊號干擾器，是可以藏在手掌中的大小。你可以轉動上面的鈕干擾任何一部你想干擾的電視，讓它的畫面充滿靜電紋、模糊不清。」

沃茲尼克說，有天晚上，他和朋友跑去另一棟宿舍的交誼廳胡搞瞎搞。大概有二十個學生坐在那，看著一部彩色電視。沃茲尼克坐在後頭，把干擾器藏在掌心，讓電視故障。「頭幾次嘗試時，我朋友會起身去打電視，蹦！然後電視又會恢復正常！接著，我又繼續干擾訊號。過了一陣子，我朋友打電視打得越來越用力。半小時後，這一群大學生揮舞著拳頭圍毆那臺電視，而假如是真的很想看的節目，他們甚至還會拿椅子砸電視。」

沃茲尼克在各棟宿舍間跑來跑去，想知道可以惡作劇到什麼地步。有一次，他發現幾個學生圍在電視旁試著修理，其中一個人把手放在螢幕正中央，然後把一隻腳舉起來。沃茲尼克看到就趕快把干擾器關起來。而只要那個男生的手一離開電視螢幕，或是把腳放下來，沃茲尼克就把干擾器打開。那個男生就這樣一手放在螢幕中間，一腳高舉，站了半個小時，同時間其他人若無其事般地繼續看電視。

沃茲尼克又告訴我另一個惡作劇，這時，一位棕色短髮的女士也在我們桌旁坐下。

「沃茲，」她開口，「你讓他做過雷射筆測試了沒？」

沃茲尼克介紹他太太珍娜給我認識。他從襯衫口袋拿出綠色雷射筆，打開筆蓋，拿近我的臉，說這隻雷射筆能偵測「我多有腦」。他把雷射筆的光對準我的右耳耳孔，然後，另一頭的牆上出現了綠光。

「我的媽媽咪呀！」他說，「你腦袋空空欸！」

我往下看，看到他的手在桌子下還握著另一支雷射筆。沃茲和我一起爆出笑聲。他把雷射筆夾回襯衫口袋，和他太太提了我的任務，告訴她我採訪過哪些人。

「你知道嗎？」他轉向我，壓低聲音說，「我不知道你為什麼要訪問我，我又不是賈伯斯或那些成功大人物……」

他似乎想釣出我的回應，感覺像在測試我，但我不知道該說什麼，於是只好做自己想得到的事，又塞一個蛋捲到嘴巴裡。

「當我年紀還小時，」沃茲尼克說，「有兩個人生目標。第一個，運用工程技術創造出可以改變世界的東西，第二個，則是隨心所欲過日子。」

「大部分的人會去做社會告訴他們該做的事。但如果你停下來，好好盤算清楚，如果你真的為自己著想，你就會發現，有更好的做事方法。」

「這就是為什麼你一直都這麼快樂嗎？」我問。

「賓果！」沃茲尼克說，「我很快樂，因為我每天都只做自己想做的事。」

「喔，」他老婆笑著說，「他真的完全只做自己想做的事。」

我很好奇沃茲尼克和賈伯斯間的差別，所以我問沃茲尼克蘋果公司草創之初只有他們兩個人時是什麼情況。沃茲尼克和我分享了一些故事，但有幾個故事特別讓我有印象，也顯示出這兩人的價值觀有多麼不同。

其中一個故事發生在蘋果公司成立之前。當時賈伯斯還在雅達利（Atari）上班，上司指派他要寫出一個電玩遊戲。他知道沃茲尼克是更優秀的工程師，所以和他談好條件：由沃茲尼克寫好程式，然後兩人對分七百美元的酬勞。沃茲尼克對這個機會深感感恩，寫好了程式。賈伯斯收到了酬勞，把三百五十元分給他的朋友，一如當初答應的。只不過，十年後沃茲尼克才知道，賈伯斯的酬勞並不是七百美元，而是好幾千美元。這件事被新聞披露時，賈伯斯嚴詞否認，但雅達利的執行長卻表示這的確是事實。

另一件往事則發生在蘋果公司早期發展階段。很明顯地，賈伯斯會出任蘋果公司執行長，然而沃茲尼克在行政團隊中的角色還不甚明朗。賈伯斯問他想要什麼職位。沃茲尼克知道自己很不情願做管理下屬和處理企業政治角力這類事，所以告訴賈伯斯，他希望自己使用「工程師」的職稱就好。

「社會總告訴你，成功就是盡全力去獲取最有權力的地位，」沃茲尼克說，「但我們心自問：這會讓我成為更快樂的人嗎？」

沃茲尼克和我分享了最後一個故事，這發生在蘋果提出首次公開募股申請（initial public offering）前後。賈伯斯和沃茲尼克即將要賺到他們從沒想過會有的一大筆錢。然而，就在快到公開募股日的時候，沃茲尼克發現賈伯斯拒絕給予蘋果公司一些元老級工程師股票選擇權。對沃茲尼克來說，這些人就像家人一樣，是他們幫忙建立起這間公司。然而賈伯斯不願意讓步。於是，沃茲尼克決定攬下責任，把自己分到的一些股份分給這些早期員工，讓他們也能共享實質的金錢報償。蘋果公司正式公開上市那天，這些人也都成了百萬富翁。

我看著沃茲尼克靠坐在椅子上，打開一個幸運籤餅，和老婆說說笑笑，我好像又聽到萊恩在訪問前對我說的那些話。

只不過，我腦中唯一想得到的一件事卻是：是誰說賈伯斯比較成功的？

嘻哈鬥牛梗：人生沒有比保持初心更好的事

兩週後，邁阿密，佛羅里達州

我靠在陽臺扶手上，俯瞰整個城市，太陽漸漸西下，棕櫚樹的輪廓暈著粉紅和橘色的邊。我們在一棟高樓層集合公寓的二十樓，阿曼多．裴瑞茲（Armando Pérez）正一一為我指出他的故鄉之美。這場景跟電影《獅子王》裡，木法沙從懸崖旁眺望，說「辛巴，光照到的地方都是我們的王國」實在很像。

阿曼多的手指向左邊：「你看，那邊就是馬林魚隊的球場。」又指向右手邊，「那裡是我辦的特許學校（Charter School），SLAM。」

「那間飯店，我常在那打混。」

「再下去那邊那艘船，我常開它出海。」

「看到格羅夫島（Grove Isle）旁的那棟白色建築嗎？那是仁慈醫院。我就在那出生。」

如果其他人看到我站在阿曼多旁邊，他們大概會叫他另一個名字，獲得葛萊美獎的饒舌歌手、音樂家：嘻哈鬥牛梗（Pitbull）。

改變思維和拉大格局持續發揮作用。先是讓我訪問到沃茲尼克，現在是嘻哈鬥牛梗，今天早上，我還收到珍．古德（Jane Goodall）的確認信。任務開始開花結果，我不能再更開心了。

嘻哈鬥牛梗領著我進入室內，他幾個朋友癱軟在沙發上。他伸手拿了一個紅色塑膠杯，斟了滿到杯緣的伏特加和汽水，然後我們又一起走回露臺。坐下時，我發現他和我幾小時前在演唱會上看到，揮舞著拳頭的那個人極為不同。現在，他的能量更平穩，動作也慢了下來。我決定先不問問題，而是放鬆地和他對話，看看情況會如何。他很快就開始說，自己從很小時就喜歡尋找挑戰。

「真正精明的人總是在尋找下一個目標，」他說，「就像在打電動一樣，比如說瑪莉兄弟好了。你過了第一關，接下來就得要破掉第二關，然後是第三關。全部破關後，你就會大喊『窩吼！哇！』，接下來要打哪一款遊戲呢？去哪打？」

我感覺思緒被牽引到一個新方向去。

他能夠持續進化的關鍵在哪？

當你在某個領域已經到達頂尖時，又該如何持續擴大成功？成功後要怎麼繼續保持？

卡爾說要讓我的好奇心去問問題，一定就是在指這個。我要嘻哈鬥牛梗帶我走一次他人生的電玩遊戲，希望我能在過程中挖掘出他的祕訣。

「你人生的第一關是什麼？」我問。

他伸手拿起杯子，喝了一大口，沉默了一會。他說，一九八〇年代早期他出生時，古柯鹼就流淌在他的血液裡。他父親拋妻棄子，留下母親獨力撫養他，用販毒賺來的錢養家活口。他們時常搬家，光是高中，鬥牛梗就轉了八次學。生長環境中，他觸目所及就是毒品交易，所以自然而然也跟著這麼做。他回想過去時，我在他的眼中看得出痛苦。

「老弟，我什麼都賣，」他說，「時間都花在上頭了。」他賣過搖頭丸、大麻、古柯鹼和海洛因。高中時，他總是把毒品四處藏在女生的置物櫃，從不帶在身上。交易時，他會告訴買家該去哪個置物櫃取貨。某一天，校長抓著他進校長室：「我知道你在販毒！我要檢查你的口袋！」鬥牛梗把口袋的東西都拿出來，「該死，讓我看看你的鞋子！」鬥牛梗也把鞋子也脫了。「還有你的帽子！」校長越來越挫敗，鬥牛梗就脫掉褲子說：「不然這樣好了，你要不要也檢查這邊？」

這之後沒多久，校長印出一張畢業證書交給鬥牛梗，要他離開學校，再也不要回來。「他媽的就這樣給我欸！」鬥牛梗說，「所以我高中根本就沒有畢業，但我還是跑去相館拍了畢業照。我拍了一張微笑的，另一張是比中指的，兩張照片現在都還掛在我爺爺奶奶家。」

不過，鬥牛梗再三強調自己從沒嗑過古柯鹼，他看過古柯鹼怎麼殘害父母，他不希望自己的人生也變成那樣。既然已經「畢業」，也順利在毒品交易的世界裡生存下來，他就來到了人生電玩的第二關：成為邁阿密最火紅的饒舌歌手。

「我開始發現，只要我夠專注，其實機會多的是，」鬥牛梗說，「不論什麼事，這都是第一課，了解自己擁有哪些機會。我知道如果想靠饒舌賺錢，我就得寫出歌來。所以，我開始寫饒舌歌詞，那時候我連唱片是什麼也不知道，但我就是不停寫歌詞、寫歌詞、寫歌詞。」

鬥牛梗也知道，如果他想成為邁阿密下一個饒舌歌界天王，他就得跟當時的天王饒舌嘻哈組合 2 Live Crew 的主唱路瑟·坎貝爾（Luther Campbell）學習。

「路瑟不只是當時邁阿密最紅的人，」鬥牛梗說，「他還用企業方式經營自己。最明顯的例子，就是他為自己的唱片發新聞稿、宣傳，還賣出幾百萬張唱片。他教我要有獨立的思維模式，你自己的目標，沒有人比你自己看得更清楚。」

鬥牛梗和坎貝爾的唱片公司簽下第一張唱片約，收到一千五百美元的簽約金。在那時，鬥牛梗不可能找到比坎貝爾更好的導師了，因為在一九九九年時，納普斯特（Napster）開放讓人免費下載音樂，顛覆了整個音樂產業。能繼續經營下去的歌手，大多都是擁有企業家思維的人。

「我從坎貝爾身上學到最棒的一課，」鬥牛梗說，「就是人生沒有比保持菜鳥之心更好的事了。商業界裡最出色的執行長都是從菜鳥出發。如果你是從菜鳥變成執行長，就沒人可以在你面前臭蓋了。而且你還可以幫助他們：『聽著，我已經做過這件事了，我完全知道該怎樣完成。』」

嘻哈鬥牛梗饒舌的天賦，再加上從坎貝爾那學習到的知識，最後終於開花結果，讓他的出道專輯《M.I.A.M.I》獲得了金唱片認證。

「那麼，下一關又是什麼？」我問。

鬥牛梗說，雖然他成了邁阿密最火紅的饒舌歌手，卻苦無方法打入主流樂壇。當時他賣得最好的一首單曲，在〈告示牌百大單曲榜〉裡也不過位居第三十二名，但他想要得到第一名。於是，他開始找新的專業人士合作，向他們學習。曾和大衛．庫塔（David Guetta）、佛羅．里達（Flo Rida）和克里斯小子（Chris Brown）合作過的音樂製作人；為凱蒂．佩芮（Katy Perry）、女神卡卡、小甜甜布蘭妮（Britney Spears）譜寫獲得第一名金曲的詞曲作家等。

「我一直都在研究這個產業。」鬥牛梗說。

在花了好幾年重新定位路線、品牌後，他推出了《舞池星球》（*Planet Pit*）專輯，不僅讓他贏得第一座葛萊美獎，更成為銷售第一的唱片。

他的人生電玩繼續進行。下一關：讓自己搖身一變成為音樂家。鬥牛梗想要運用自己的影響力為某些事發聲，於是，他在小哈瓦那成立了一間名為SLAM的特許學校，以幫助許多來自他家鄉的小孩。在街角不是相連鐵鍊構成的圍牆，就是破破爛爛煙酒商店的這個區域，SLAM 嶄新的七層樓建築成了希望的燈塔。與此同時，鬥牛梗也更刻意地運用西班牙文歌詞凸顯出拉丁裔美國人的影響力。

拉丁人是新的多數，耶，你知道的
下一步：白色的那個白宮
沒有車也沒關係，用划得也到得了

〈甘雨降臨〉（*Rain Over Me*）這首歌找來馬克安東尼（Marc Anthony）合作，在六個國家裡都奪下排行榜第一。同時，鬥牛梗的政治參與並沒就此打住，二〇一二年，歐巴馬總統邀請他助選，兩年後，甚至在國慶日時受邀至白宮演出。

鬥牛梗又伸手拿了紅塑膠杯，我們的對話出現了一段空白時間。不知怎的，我知道自己最好什麼都別說，好好沉浸在這一分一秒裡。

「上個月，」鬥牛梗打破沉默，「我在墨西哥和億萬富翁卡洛斯．史林（Carlos Slim Jr.）碰面，我告訴他，『不知道你們這些傢伙都在做些什麼，但我想跟你學學，嘿，不然讓我來當你的實習菜鳥如何？』」

「你認真的？」

「百分之一百認真，老弟。我跟他說：『我只是想跟在你旁邊轉轉，看你都和人聊些什麼，研究你是怎麼做事的。要我在這待上一個月也完全沒問題，就算只是讓我去買甜甜圈、泡咖啡什麼的，我也不在意。』」

他的眼神讓我相信他絕對不是在開玩笑。某一部分的我感到不可置信。這個世界知名、名字會出現在麥迪遜花園廣場跑馬燈上的音樂人，卻十足認真地想替史林端咖啡？

我們的對話繼續進行，鬥牛梗不斷回到要當個人生菜鳥這一點上。他說，即便他現在可以自由來去各大唱片公司，像個天王一樣，但或許隔天他就會出現在蘋果或谷歌的演講廳裡，認真地做著筆記。就是這種雙重面向才讓他成為嘻哈鬥牛梗。這時我才明白，鬥牛梗能不斷獲得成功的祕密，就是永遠保持菜鳥心態。

所謂菜鳥之心，就是要「夠謙虛」，才能去學習新的東西，就算你已在自己的專業領域中臻至頂點亦然。同時，保持菜鳥之心也是知道，當自己滿足於成為高層人士的那一瞬間，就是即將獲致失敗的那一刻。菜鳥之心，是了解到如果想一直當木法沙，那麼同時，你也要繼續當小辛巴。

珍・古德：為何我們總是忽略女性的成就？

兩週後，舊金山

「這是H先生，不管我去哪，他也跟著去哪。」

我才剛踏進珍・古德的飯店房間，她就介紹她的一隻猴子玩偶給我認識。我古德示意要我跟著她走向沙發，請我幫她拿著猴子玩偶，她則是伸手去拿一杯茶。我在她旁邊坐下，這位七十九歲的人類學家讓我不能再更自在了。一開始的這些寒暄，都無法讓我遇見結束訪問後的自己竟會感到如此焦心、迷失、心中充滿矛盾和衝突。古德讓我用一個全新的角度看待自己，只是我一點都不喜歡這個新角度。

我們一開始的談話很簡單，她娓娓道來父親在她兩歲時送給她一隻黑猩猩玩偶。那是很珍貴的禮物，因為第二次世界大戰期間，倫敦持續遭受空襲，古德家甚至連買支蛋捲冰淇淋的錢都沒有。

不管到哪，古德都帶著這隻玩偶，她對動物的著迷也日益增加。她最好的朋友是狗狗拉斯提；最喜歡的書是《人猿泰山》（*Tarzan of the Apes*）、《怪醫杜立德》（*The Story of Doctor Dolittle*），也時常夢想和靈長動物們一起生活，甚至可以和牠們溝通。隨著年紀漸長，她開始下定決心要追尋自己的終極夢想：去非洲叢林研究黑猩猩。

古德沒有錢念大學，但這也無法攔阻她。她還是繼續讀和黑猩猩相關的書，一邊當祕書和女侍，這是一九五〇年代時的英國女性可以做的少數幾項工作。二十三歲時，她終於存夠了錢，能夠買一張到非洲的船票。抵達肯亞後，古德參加了一場晚宴，她和一位賓客描述自己對於動物是多麼痴迷，對方建議她可以聯絡路易斯．李奇（Louis Leakey）。

李奇是當時最聲名顯赫的古人類學家，他是英國人出生於肯亞的英國人，擁有劍橋大學博士學位。他主要的研究方向是了解人類和猿人的進化史。對古德來說，沒有人比李奇更適合當她導師了。只不過，李奇有個問題。

李奇的太太還在懷孕時，他就和為他的書繪製插畫的二十一歲插畫家發展出婚外情，還帶著對方在非洲和歐洲四處旅遊，最後甚至乾脆住一起生活。李奇的元配申請離婚後，李奇娶了插畫家，兩人一起搬回肯亞。然後，李奇又外遇了。這次，對象是他的助理。李奇的老婆二號發現了這件事，李奇便終止這段戀情，助理也搬去烏干達。如此一來，他的辦公室就開了缺，差不多就是此時，他接到了古德的電話。

這兩個人：一個懷抱夢想的二十三歲女人，和一個五十四歲，手中握有夢想的鑰匙的男人。這兩人註定發生衝突。

古德抵達設在奈洛比一間美術館裡的李奇辦公室。他們一起看展，談論非洲野生生物。古德給李奇深刻的印象，自然而然地，他就聘請了古德當助理。古德和李奇越來越親近。他教導她一切，她也跟著他一起旅行，挖掘化石、探險。然後，就在古德覺得研究黑猩猩的夢想已觸手可及時，李奇卻開始出現挑逗的行為。

不知為何，我不是去想像古德當時的情形，而是開始想著如果我的姊妹碰到這種狀況會是如何。塔莉亞十八歲，布莉安娜二十四歲。我想像著她們花了好幾年逐步實現夢想，為夢想跋涉到另一塊大陸上，然後在夢想即將實現之際，手握通往夢想鑰匙的導師突然暗示：如果你和我上床，我就會把鑰匙給你，一思及此，就讓我湧起一股前所未有、覺得很作嘔的感受。

古德雖然很害怕因此失去夢想，但她說，她仍舊向對方表達了拒絕之意。

「我有兩個姊妹，」我告訴她，從沙發上直起身子，「我想知道妳如何應對？」

我準備好等著她的情緒爆發，然而，古德卻只是平淡地回應：「我只是相信他會尊重我說的話。而他也的確如此。」接著，她往後靠坐，彷彿在說「我言盡於此」。

我本來以為會有如同炸藥引爆的場面，但連個火花也沒有。

「你有什麼感覺？」我問道，「在那當下？」

「嗯，我覺得很困惑，」她回答，「因為我認為，如果拒絕他的暗示，或許我會因此喪失研究黑猩猩的機會。他也從未明確提議過要怎樣，是他表現出來的樣子，你懂嗎？總之我是拒絕了。而他也尊重我的決定，他畢竟還是個正直的人。」

「他只不過是拜倒在我的石榴裙下，」她補充一句，「他也不是唯一一個，所以我也還挺見怪不怪的。」

某一部分的我覺得古德似乎在為李奇辯解。在我看來，他是古德的導師，照理說應該要保護她才是。他的所作所為是不公平的。但古德的反應卻只是聳聳肩說：「嘿，這個世界就是這麼運作的。」

她說，李奇不僅尊重她不想和他發展婚外情的決定，同時還核准資金讓她研究黑猩猩。接下來，她花三個月的時間在叢林裡，和黑猩猩住在一塊兒，蜷伏在樹叢後觀察牠們，發現黑猩猩就跟人類一樣會運用各種工具。在古德之前，區別人類和猿猴的標準，只有會使用工具與否，也因此，古德的發現震撼了科學界，完全且徹底地重新定義人與猿猴的關係。從那時起，古德未曾間斷地研究，出版了三十三本書，獲得超過五十個名譽學位，還被封為英國皇家女爵士和聯合國和平使者。

我們又繼續聊到其他主題，只不過，雖然我很想集中精神專注當下，卻無法不去想李奇這件事。我開始對自己感到沮喪。古德明明已經說這沒什麼了，如果她不覺得有什麼，那我有什麼好煩的？

訪問結束後，我們互道再見。我鑽進計程車，前往機場。當我把頭抵在窗戶上時，還是無法停止想像要是我姊妹碰到和古德一樣的狀況時會是如何。

一個出乎意料的想法跑進了我的腦袋裡……這是第一次我在訪問結束後會想和我姊妹

分享經過。通常，我會打給我的好友或導師，但我突然意識到，他們都是……男的。

我腦中開始閃現目前已完成的這些訪問，提摩西．費里斯、舒格．雷、迪恩．卡門、賴瑞金、比爾．蓋茲、史提夫．沃茲尼克、嘻哈鬥牛梗，我彷彿是第一次看到自己的倒影，既令我震驚又困窘。事實擺在眼前，他們全都是男的、男的、男的、男的。

我怎麼可能之前從來沒有注意到？

當我在研擬這份採訪清單時，我和我的男性友人一起討論夢想中的學習對象是誰；當我在訪問前絞盡腦汁思索問題時，也是我和男性朋友一起討論我們想問些什麼。我腦中從沒想過，我姊妹或女性朋友會想跟誰學習。我在自己的泡泡裡，對泡泡外頭，我單方面視線以外的東西盲目無所覺。我確實不知道自己有偏見，即便如此，仍是難辭其咎。男人總會說他們有多關心兩性平等，我就是完美的代表，然而我卻不曾好好地探尋自我，問問自己說和做得是不是同一套。

這不禁讓我思考，這世上還有多少像我這樣的男人。就像我和男生朋友們坐著討論要把誰放進採訪清單裡，一定也有在董事會裡的男性主管，也和他們的男性友人一起，討論要聘任、拔擢誰。這些主管大概和我和我朋友一樣，不知道自己的本能會讓他們偏好看起來一樣的人。我們並不自覺自己有某些偏見，而不自覺的偏見恰恰是最具危險性的。

計程車停在機場人行道旁，我把旅行袋甩上肩，但卻覺得它比之前更沉重了。我拖著腳步，走在航廈裡。從窗戶看出去，天色因為舊金山開始湧現的霧氣而昏暗起來。我走到登機門口，卻無法停止思索，我怎會對如此明顯的事視而不見這麼久？我怎麼會不知道自己也是問題的一部分？

我不知道答案，但我知道自己應該要先做什麼。

我要直接回家去找我的姊妹們。

我帶著滿腹疑問衝回家。然而，當我和姊妹們一起在客廳裡坐下時，我才發現，我連自己不明白的點在哪都不知道。

「你才剛訪問完世界上最有成就的女性，但你可以和我們分享的，卻只有她被導師騷擾這件事？」說話的人是大我三歲的布莉安娜，她正在唸第三年的法學院，打從我成為她的弟弟，她就一直在為自己的信念奮戰。

「在訪問的過程中，」布莉安娜繼續說，「當你要古德再繼續談這件事時，她就已經說這沒什麼大不了的了。如果同樣的事情也發生在我身上，我希望我的反應就和她回應李奇的方式一樣。」

她從沙發上站了起來，「我覺得我知道你為什麼這麼沮喪。因為你認為挑逗的行為是不尊重的表現。有時候的確是，但也不總是這樣。我人生活到現在，你和爸一直都是這樣，爸就清楚表現出一種態度，好像只要有男人對我或塔莉亞表現出興趣，就是攻擊性的表現，這也是為什麼你這麼有反應的原因。」

「我很訝異你花這麼久的時間才發現，我們女人無時不刻都在應付這類事情。你一輩子都和女生住一起，你和兩個姊妹、一個媽媽、九個表姊妹一起長大，我們都是你最親近的朋友。我甚至還記得你高中時讀了《我知道籠中鳥為何歌唱》（*I Know Why The Caged Bird Sings*）這本書。如果要說有誰能更早明白這種事，那個人也應該是你才對啊！」

我低下頭，盯著腳。我看向妹妹塔莉亞，她安靜地坐著，默默在聽。我知道她很快就會發表高見。

「我不是想讓你不好過，」布莉安娜補了一句，「我只是想強調這點。如果連長大時身邊都圍繞著女性的你，都無法了解我們面對的這些議題，想想看那些沒有的男人又會是如何。」

客廳裡一片沉默，然後，塔莉亞拿出手機，找出臉書上一張大家瘋傳的圖，圖上面有二個跑道，起點分別各是一男一女，然而女生的跑道上布滿各種障網，有鐵絲網、鱷魚，女跑者腳上還綁有鐵球，男跑者前面只有跨欄，然後把螢幕擺在我的臉前面。

圖說：怎麼啦？我們跑道的距離一樣長啊！

我盯著這張圖片，塔莉亞說：「我很肯定你把重點搞錯了。女性要面對的困難特別多，但困擾我的還不只這點——下面這段文字才是最讓我不舒服的。多數男人根本連這樣的事實都不肯承認，這才是最令我不安的。女人面臨到的這些問題，絕大多數男人永遠都不會明白……因為他們從不試著去了解。」

掃 QR code 可見
我和珍・古德的合照

瑪雅．安潔盧：你所做的不只是一件事，而是一個使命

很難知道為什麼我在讀瑪雅．安潔盧（Maya Angelou）的自傳時，並沒有感受到布莉安娜認為我應該要有的感受。我在讀《我知道籠中鳥為何歌唱》時還只是青少年，非裔美國人的遭遇讓我非常震驚，也因此我就只關注這一個面向。瑪雅．安潔盧出生在不時都會看到黑人男性被掛在樹上的地方，從家裡窗戶看出去，還會看到用斗篷蓋頭的３Ｋ黨人放火焚燒十字架。瑪雅三歲時，和五歲大的哥哥孤零零地被送上前往南方的火車，除了腳上綁著的姓名條之外，其他別無所有。安潔盧和哥哥被外婆接回她在阿肯色州史坦普斯鎮（Stamps）的家，這個小鎮很顯然地仍有著種族隔離的情況。

如今，當我重拾瑪雅．安潔盧的自傳，這才終於試著從女性的角度來看待她的故事。某天中午，當時只有八歲的安潔盧正要前往圖書館，某個路上的男人抓住她的手臂，把安潔盧拽向他，拉下她的燈籠褲，強暴了她。完事後，這男人威脅安潔盧不可以跟任何人說起這件事，否則要殺了她。瑪雅最後仍舊舉報了這個強暴他的男人，他被逮捕歸案。這人

遭到審判的同一晚，就被發現陳屍在一間屠宰場後，被人活活踢死。震驚又大受打擊的安潔盧把這些感受內化到心中，認為是自己害對方死掉。所以接下來五年，她都不再說話。

時間繼續過去，她也面臨了更多困難。十六歲時，安潔盧就懷了身孕，她當過妓女、老鴇，也是家暴受害者。她被家暴得很厲害，有次男友甚至載她到海邊一個浪漫的地方，最後卻用拳頭痛打她，把她打到失去意識，然後又監禁了她三天。然而她從不讓這些事定義自己。瑪雅．安潔盧將黑暗化作光明，才能真正定義她。

安潔盧將自己的境遇化為藝術作品，在美國文化界掀起一陣風潮。她後來成了歌手、舞者、作家、詩人、教授、電影導演和人權運動倡議者，並曾和黑人人權運動者金恩博士、麥爾坎．X（Malcolm X）等人並肩作戰。她寫了超過三十本書，而《我知道籠中鳥為何歌唱》是如此直指人心，歐普拉曾這麼說：「在字裡行間認識瑪雅，讓我覺得好像也徹底、完全地認識了自己。身為黑人女性，我終於第一次感覺自己的經歷被人看見了。」安潔盧贏得過兩座葛萊美獎，在美國歷史中，也加入羅伯特．佛洛斯特（Robert Frost）的行列，在其之後成為唯二在美國總統就職典禮上朗誦詩歌的人。

而我現在即將要致電給她。我一個朋友幫我敲定了這場訪問。安潔盧已經八十五歲了，最近才剛出院，也因此我只有十五分鐘時間訪問。我的目標很簡單：不只要代我姊妹們詢問她們提出的問題，更重要的是好好聆聽，而如有可能，更是去好好理解。

人生低谷時，要找到烏雲中的彩虹

我的姊妹們把問題濃縮歸類成四大類障礙。第一類障礙是有關應對黑暗的方法。瑪雅曾自創出一種表達的方法，稱為「烏雲中的彩虹」。這個概念是這樣子的：當人生充滿黑暗、烏雲罩頂，眼前完全不見希望時，最棒的一件事，就是你還是能夠在這片烏雲中看見彩虹。所以我問安潔盧：「對於剛在人生旅程上啟程的年輕人，需要一些幫忙才找得到彩虹，也才能有勇氣繼續走下去，妳可以給他／她們哪些建議？」

「當我回顧過往，」安潔盧回答，她的聲音聽起來好令人安心又充滿了智慧，「我會去看看家族裡的長輩、我認識的一些人或是我在書上讀過的人。有時我也會跟虛構的人物學習，比如說《雙城記》（*A Tale of Two Cities*）裡的人物。我也會和已經作古很久的詩人學習，或是政治家，也或許是運動員。我看了以後就發現，他們也都是人，或許是美國人、法國人、中國人，也可能是猶太人、穆斯林。我看著他們，心想『我也是人，他也是人，但他卻能克服這些困境，而且還繼續不斷奮鬥。這真是了不起！』」

「盡可能從前人身上學習，」她補充說，「那些人就是你烏雲中的彩虹。不管他們知不知道你的名字，或有沒有見過你本人，不論他們成就過什麼，這都是為你所預備的。」

我又問，如果有人正在尋找彩虹，但觸目所及卻只看到烏雲時，他們又該怎麼辦？

她回答，「我只知道事情會漸入佳境。如果某件事很糟，那麼或許還可能變得更糟，但我知道，最後事情終究會變好的。你也要有這樣的確信。最近有首鄉村歌曲，我多希望是我寫的，它的歌詞是這麼說：『每個颱風總會有雨下完的一天』。如果我是你，我會把這句話做成標語。把這句話寫在你的筆記本上，不論你現在的日子多無趣、看起來多沒有希望，總會有轉機。**事情會越變越好的，但你得持續努力。**」

安潔盧曾如此寫道：「沒有哪件事比寫作更令我驚恐，但又更使我感到滿足了。」我曾經和姊妹們分享過這句話，她們也對這句話很有共鳴。這句話也可以用各種不同形式，應用在你熱愛的事物上。布莉安娜對特別教育法的熱情，最後化做夢想，如今，這個夢想面對到應徵了一家又一家事務所，懷疑自己是否不夠資格的冷冰冰現實。我提起這句話，問安潔盧怎麼應對恐懼。

「很多的禱告，但也怕得皮皮挫，」她笑著說，「我得不斷提醒自己，我要做的事本來就不容易。我認為，當一個人著手做他／她想做，也認為是自己命中註定要做的事時，也會是這樣。畢竟這不只是『一件事』，而是一個使命。」

「一個廚師準備進入廚房前，要先提醒自己：世界上的每個人都能吃，而且會吃。也因此，為他們準備食物並沒有什麼稀奇之處，畢竟每個人都需要吃東西。但是，若要把飯煮得好（因為每個人都會吃一些鹽、一點糖，幾塊肉或一些菜），主廚就得用前人未曾試過的方式來烹調。寫作也是一樣的道理。」

「你要明白，世上每個人都會說話，也會寫東西；所以你這邊用一點動詞，那邊加進一些副詞、形容詞、名詞、代名詞，把它們組合起來，讓文字活蹦亂跳。這可不簡單。就算只是試著這麼做都需要勇氣，所以你要為此好好稱讚自己。」

第三個障礙是應對批評。安潔盧的自傳中提到她曾加入作家協會，在集會中，她會大聲唸出自己寫的詩作，讓其他人把她的作品大卸八塊。

我說：「你書中提到，這逼你明白，如果自己還想繼續寫作，那麼就得發展出某種程度的集中力，而像這樣的集中力，大多是出現在等待被處決的人身上。」

「是五分鐘之後就要被處決的人！」安潔盧說，開口大笑，「這是真的。」

「對於那些面臨批評、想發展出同等集中力的年輕人，妳可以給他們什麼建議？」

「記住一件事，」她說，「我希望你把這個寫下來。霍桑（Nathaniel Hawthorne）曾說過『容易讀的東西他媽的超難寫』，把這句話反過來說，『容易寫的東西他媽的超難讀』也通。對於寫作，或任何你目前正在做的工作，都要對自己和在你之前的先行者抱持這樣的欣賞態度。對於自己的能力和它未來可能的發展，也要盡可能地熟悉。

「現在我會這麼做，我也鼓勵年輕作家也如此：獨自進去一間房間，把門關上，開始閱讀你寫好的內容。大聲唸出來，這樣你才聽得到文字的旋律。好好聽著這個旋律，側耳傾聽。在意識到以前，你就會這麼覺得：『嗯，還不是太糟嘛！挺好的！』試著這麼做，你就能欣賞自己有嘗試的膽量。好好稱讚一下自己，因為你願意去做這件困難又美好的苦差事。」

障礙四也是布莉安娜正面臨的問題。她試著去找工作，然而每個職缺都要求「需有經驗」的條件。可是，如果所有工作都「需有經驗」，她又怎麼可能累積經驗？安潔盧在自傳中提到自己也曾面臨類似困境。

「我讀到妳在應徵《阿拉伯觀察者》（*The Arab Observer*）雜誌副主編時，靠著虛報經歷和技能一路過關斬將，然而當妳真的被錄取後，妳就非會這些東西不可了。那是什麼感覺？」

她說：「那很不容易，但我知道自己辦得到。你就是得這麼做。你得知道自己天生有些才能，所以一定也可以學會其他技能。你可以試試看，試著去做更好的工作、爭取更高職位。如果你看起來充滿自信，這股自信就會感染到你周圍的人：『嘿，她來了，這個人知道自己在幹嘛！』重點是，其他人玩樂時，你卻得在圖書館熬夜到很晚，塞進這些知識，做好計畫。」

安潔盧又繼續補充：「我不認為我們天生就懂得這門藝術。如果你有眼睛，就可以看出空間深淺、看得準確，看到顏色等等；如果你有耳朵，就可以聽到音符、旋律，但幾乎每件事都是我們學習而來的。所以，如果你的腦子正常，好吧，或許也要有點不正常，你就能學習。相信你自己。」

訪問只剩下一分鐘。我問安潔盧，對那些正準備開始職涯的年輕人們，她會給予什麼建議？

「試著跳脫框架，」她說，「試著去用道家的『無為』看待事物，道家是中國的一種宗教，對中國人來說滿管用的，所以或許對你來說也合用。盡力去找尋各種智慧之語。孔子、亞里斯多德、金恩博士、凱薩．查維斯（Cesar Chávez），多閱讀。多閱讀，然後對自己說：『喔！他們和我一樣，都是人。嗯，這個對我可能沒有用，但我想裡面這一部分或許可以試試』，你懂我要說得嗎？」

「不要限縮人生。我已經八十五歲了，才剛起步呢！不論你能活多久，人生還是很短暫。你沒有太多時間，所以趕快去幹活！」

隨著時間過去，我對這次談話機會越發感到感恩，因為要是我再等更久，這段談話就不會發生了。這通電話過了差不多剛好一年後，瑪雅．安潔盧就過世了。

掃 QR code 可聽到
瑪雅．安潔盧接受
電訪的訪問音檔

潔西卡．艾芭：面對恐懼時，你該做些什麼？

和瑪雅．安潔盧的談話結束後又過了好幾個月，她帶給我的慰藉也已沖淡無跡。我正經歷從不知道自己會有的悲傷。我父親剛被診斷出罹患了胰臟癌。

他才五十九歲，我眼睜睜看著他一天天憔悴。看著父親原本茂密的頭髮從頭皮上脫落，體重驟失二十多公斤，聽他在半夜裡哭泣，凡此種種都讓我充滿無法以文字確切表達出的痛苦。絕望、無助的感受如此深重，我覺得自己好像在一艘木筏上，看著父親在海裡載浮載沉，不停嘔出海水，然而不論我怎麼伸長了手，卻始終搆不著他。

雖然這些思緒快把我淹沒了，然而現在可不是我能夠流連於悲傷的場合。我正坐在美國誠實公司（The Honest Company）總部的大廳，再幾分鐘我就要採訪潔西卡．艾芭（Jessica Alba），也就是說，接下來這一個小時裡，我得振作起來，專注在我的任務上，別再想死亡這件事了。

我被帶著走進走廊，明亮地陽光灑滿整個開放式的辦公區域。一面牆上有著一百隻銅製的蝴蝶；另一面牆上則是由好幾十只白晃晃的瓷製馬克杯拼成的「HONESTY」字樣。這間公司的一切似乎都是如此正面、積極，我希望接下來的訪問也可以這樣。

我走過轉角，朝艾芭的辦公室而去。我想著她的成就是多麼了不起：她是好萊塢史上唯一一個身兼電影女主角，和市值十億美元的新創公司創辦者這兩種身分的人。美國誠實公司自創立以來，已獲取了三億美元營收，而她的電影在全世界的營收也有大約十九億美元。她也是世界上唯一一個同月份同時登上《富比士》和《秀》雜誌（*Shape*）封面的人。她不是爬完這座山以後再去爬那座山，她是同時爬兩座山。而我就是要來這找出她的祕訣所在。

我和她問好，然後在她辦公室裡那張L型沙發上坐下。在蒐集資料期間，我注意到每次只要艾芭聊到母親，總是會提到一些令人開心的事。幾週前，在賴瑞的早餐桌上，卡爾告訴我他最喜歡問的一個問題是「你父親教過你最棒的一課」，所以我想，如果把這兩個元素加在一起，那我們立刻就能處在正面、充滿樂趣的氣氛中。

我詢問艾芭她從母親那學到最棒的一課是什麼，她思索了一陣子，手指在破洞牛仔褲的邊緣上下游移。我往後靠坐，覺得自己命中了紅心。

「我學到，」艾芭開口，「要好好把握每一分每一秒，你知道的，我外婆在我媽二十多歲時就過世了……」

我告訴自己不要亂想，不要亂想。

「當我還是叛逆少女時，」艾芭繼續說，「我媽會跟我說：『你得對我好一點，因為我不可能永遠待在你身邊』。」

她暫停了一下，彷彿正在自省，然後又開口說：「你不會想到人生真的有終結的那一刻，直到它真的發生了。」

我再也受不了了。我得把話題引到別的方向去。

我曾看過艾芭的訪問，每次當她聊到創業的過程時，整個人就閃閃發亮了起來。公司創立的契機是這樣的，當時她二十六歲，還懷著老大。寶寶送禮會結束後，她正準備清洗包屁衣，這才赫然發現，標示著「兒童可用」的洗衣精裡，卻含有一些會導致過敏的成分。這促使她自創一間致力販賣安全、無毒產品的公司。我看到的每支影片裡，只要艾芭談到幫助他人創造更快樂、更健康的生活時，眼睛總是立刻為之一亮，所以我想這應該是最完美的採訪題目了。

我問艾芭：「妳是怎麼開始這間公司的？」

「當時我在思考關於死亡，」她說，「我自己的死亡。」

「在妳二十六歲的時候？」

「妳把一條生命帶進世界，」她傾身往前，「這會逼使妳去看清，原來生命和死亡彼此這麼靠近。這時妳才了解這些人之前根本不在這，但現在他們出現了。而他們同樣可以如此簡單就死掉。不只是寶寶該用健康的產品，每個人都需要。我也需要，因為我不想早早就死掉，也不想得阿茲海默症，我外公就有阿茲海默症，我怕死了。我媽、我阿姨都得了癌症，我外婆、我姨婆也是，我表妹的兒子也得癌症。所以……我真的還不想死。」

我什麼話都說不出口。但這也不礙事，因為艾芭不停說著死亡、癌症；死亡、癌症；死亡、癌症，說得我開始反胃了起來。

我脫口而出：「我爸才剛被診斷出胰臟癌。」

第一次說出這幾個字時，我根本無法不感到痛徹心扉。幾週過去，我可以說出這幾個字，但壓根不相信自己說的話。現在，則只覺得麻木。在這幾個階段裡，我接收到的反應都大同小異。多數人會勾著我的肩，說一切都會沒事的；也有些人會用溫柔、輕軟的語調告訴我他們真的很抱歉，所以，艾芭的反應完全殺得我措手不及。她一掌拍在沙發上說：「喔，媽的！幹！」

她的話就好像潑在臉上的一桶冰水，奇怪的是，這挪去了肩膀上我原本不知道竟然存在的重擔。從這時開始，我不再覺得這是一場訪問了。

接下來的三十分鐘，我們談論著罹患癌症的家人。她告訴我帶著媽媽衝到急診室、媽媽連續吐了三天、醫生割下媽媽好幾截的腸子。艾芭讓父母進行特別的飲食計畫，要他們停止食用會帶來傷害的藥物，要他們去見營養師，兩個人都瘦了二十多公斤。我說，我也讓爸爸去看專門幫助癌症病患的營養師，但我爸卻不願意好好遵照她的指示，連和對方再約第二次都不肯。

「這就是最瘋狂的地方。」我說。

「我爸媽呢，」艾芭回應我，「我只要跟他們說：『聽好，如果你們想活久一點，看你們的孫子、孫女高中畢業或結婚，你就得好好想清楚，不可以再隨隨便便了。不管得做什麼，你們都要好好去做。』他們就乖乖聽話了。」

不知為何，聽她這樣說，我覺得沒那麼孤單了。

「生病真的太可怕了，」她嘆了一口氣，繼續說，「後來，我又聽到很多女性有子宮內膜異位的問題，有人切掉子宮、得了和賀爾蒙相關的婦癌、乳癌、子宮頸癌等等等，我也逃不掉，我想著：『這到底是怎麼一回事阿？』顯然，罪魁禍首綜合了好幾方面，於是我問自己：『有哪些事是我可以控制的？』我可以控制那些出現在家裡和家裡四週的東西。」

我說：「我第一次到你們網站上買東西，是在我爸被確診罹癌後。我知道這聽起來很奇怪，但癌細胞讓他的腸胃蠕動時會發出很臭的味道，但我又不想讓他使用市面上那些除臭噴劑，誰知道裡面有什麼化學物質阿！你們是唯一一間標榜無毒除臭劑的公司，就是那款含有精油成分的產品。我跟我爸說：『這是你的好朋友，每天都可以用』，它真的很有用。」

艾芭的眼睛閃爍出一道光芒，好像我送了她一個大禮似的。

「你我都知道我們身體攝取的東西、我們呼吸進來的東西、環境裡的那些東西，都會影響我們的健康，」她說，「我們父母那個世代的人態度通常都是『這東西可以在店裡賣，那就沒有問題。如果他們敢賣給我們，就表示東西沒問題。』但我們這個世代的人則是『不對，這些爛東西不好。』這很不容易，因為父母通常都很害怕嘗試新東西。」

「我人生的寫照。」我說。

「我祖母最近發現她有糖尿病，」艾芭繼續說著，「我相信她有這個狀況好一陣子了，但她都不肯去看醫生。她還中風過，身體也有其他毛病，這些可能都和糖尿病有關，但她死都不肯承認。昨天晚上我們一起吃飯時，我爺爺還拿蛋糕、冰淇淋給她吃，我就說：『她很可能現在就立刻心臟病發，陷入昏迷欸！你們這些人到底在幹嘛？他們就是不肯面對現實。』」

「這真的會讓我嚇得半死，」我說，「你有這麼多家人罹癌，真不知道妳是怎麼應對的，我只有一個家人生病，我就覺得好像快溺死了。」

「我想當事關自己爸爸時，就完全不一樣了。」她回答。

我說：「我只是覺得，科技越來越發達，可以救更多人的命，所以現在要命的東西就更極端了，這些毒素、汙染什麼的。」

「我想就是因為這樣人們才開始有共鳴吧！」艾芭說，「因為我們親眼看到發生了什麼事。」

「最瘋狂的地方是，我知道妳提過很多次妳的公司是要幫助小寶寶，可是妳也幫了我爸，妳恰恰好在最讓我傷心的事上幫了我一把。」

她的眼睛瞪的老大，然後我突然想通了什麼。「這太瘋狂了」，我從沙發上猛地站起身說，「這一切，」我指向玻璃門外，艾芭五百名員工中的這一小部分人，「他們正坐在外頭辦公這一切會成真，就是因為妳揪住死神的衣領，跟它面對面，因為妳問了自己『我要怎麼過自己的人生？』」

現在，換她看起來像臉上被潑了一盆冰水。

「真的！」她說。

「妳大可繼續維持很成功的演藝生涯，並以此為滿足，但妳卻……」

「就是這樣！」她說。

「這實在太誇張了。哇！假如說……」，我的情緒實在太高亢了，幾乎無法說出完整句子，「假如我們是在兩個月前進行訪問，那我們根本不會聊到這些。我之前壓根不會去想到死亡這件事，但我現在卻可以用截然不同的眼光看待妳的公司。」

很多名人創辦的事業都反映出他們「人生勝利組」的生活方式。他們自創香水或服飾品牌，**但艾芭創辦的事業卻反映出她人生的低谷。她挖掘出人性的一面，創造能讓所有人都產生共鳴的事物**。這，就是她登上第二座山頭的祕訣：先重回深谷。

「面對死亡，」艾芭說，「讓你對生命是如此脆弱的事實保持敏感。每件事都是這麼……」她彈了一下手指，「這麼稍縱即逝。這逼得你用不同的方式思考所有決定。什麼事情才真正重要？你要把人生用在什麼事上？當你面對自己最大的恐懼時，你會做些什麼？」

不管怎樣，想辦法進來！

我幾乎沒發現一個小時的訪問時間已經快到了，但我們還是不停地聊。我拿出手機，把塔莉亞給我看的那張圖，就是男人和女人一起賽跑，但女人的跑道上卻充滿障礙物的圖拿給艾芭看。

我說：「我想知道妳有什麼看法？」

艾芭拿著我的手機，盯著這張圖片，然後笑了出來。截至目前為止，我已經拿這張圖片給十二個人看過了，但卻沒有人是這種反應。可能只是我自己的想像，但艾芭的笑聲中似乎帶著一絲悲傷。

「滿好笑的……但這也是事實，」她說，「如果可以選擇，每個人大概都想生在父母會關切孩子教育狀況的美國白人家庭裡吧！這真的能讓人生容易很多。」

艾芭繼續盯著這張圖：「我認為，如果你身邊有對的人，那你就可以把路上這些障礙物挪走一些。但是假如你都單打獨鬥，憤怒地不停和這個體系對抗，那也不會有人想待在你身邊，因為你總是很生氣、不停找架打。但如果你可以帶著優雅、尊嚴，正直地比賽，那要抵達終點線就會容易得多。」

「沒人能控制自己生在哪，」她繼續說，「你就是生在這個家庭，成長在這個環境裡，所以你得從身邊的環境汲取資源，不要和其他人比較。你必須檢視自己這一路走來的過程，知道不管是什麼讓你到達今日所在，和未來將至之處，它們都是獨一無二的。你就是你，不應該成為別的樣子。」

「要分心很容易，」艾芭又補充道，「左邊跑道的這個男人還是會抵達終點線，他根本不在乎。或許一開始他還會回頭看你，但很快就會跑走了。如果一直回頭看他，你就無法完成比賽。你知道嗎？女性面對的障礙讓她們更能經營好事業。因為到頭來，我們知道該怎麼應付鳥事，這個男人就沒這種功力。有些事，你得先經歷過才能學會。」艾芭又看了一眼這張圖，然後把手機還給我。

「你最初時怎麼會想開始這個計畫？」她問我。我告訴她當初我是怎麼瞪著天花板，這趟旅程又是如何展開。她問我是否在這些訪問中找到模式。

我說：「我真是太高興你想到這點了！我的理論是，我的每個受訪者對待事業和人生的態度，就跟排隊進夜店一樣！」

她發出小小地笑聲，我繼續告訴她「第三道門」的比喻，她邊聽邊不斷點頭。

「我喜歡你這個比喻。」她說，「真的是這樣。我和誠實公司其他創辦人總是在說，要找到聰明、專注力好，而且又擁有夢想的應徵者很不容易。有夢想的這一部分，通常就是創業家的精神所在，當這扇門關了，那扇門、那道門都不通。那你到底該怎麼進門？你得想出辦法來，不管運用常識、建立人脈；我才不管你怎麼進去，但反正你要想辦法進門。」

「所以可以說，妳運用了第三道門的概念在聘任員工囉？」我笑著問。

「沒錯！我才不管你學歷如何，或過去有什麼經歷，我在乎的是你如何解決問題、怎麼面對挑戰。你會怎麼創造出處理事情的新方法？重點是要有進取心和幹勁。要當這裡最傑出的員工，就需要這些特質，第三道門的特質。」

掃 QR code 可見我在洛杉磯高峰會訪問潔西卡．艾芭的片段。
影片中左邊的那顆頭可是亞馬遜創辦人傑夫．貝佐呢！

我還是不停地在犯錯

TED大會的創辦人曾這麼告訴過我：「我的人生有兩個座右銘。第一：不開口就得不到；第二：大多數的事情都行不通。」

不久前，我才提出了一個感覺很難實現的請求，但最後結果卻遠比我想像中來得好。我問陸奇可否寫封信給祖克柏，介紹我和他認識，陸奇立刻回覆我，說他很樂意這麼做。我環視著儲物櫃，不可置信地搖著頭，三年前，我還得蹲在廁所裡才能和費里斯說上話；而現在，只消一封信我就可以連絡上祖克柏。

遵照著陸奇的建議，我先擬好一段文字，向祖克柏說明這項任務內容，告訴他我也會參加下週他也會出席演講的創業學校（Startup School）活動，詢問他能否在那兒碰個面。陸奇把我的訊息用臉書私訊傳給祖克柏，十六個小時後，我收到以下回覆：

收件人：艾力克斯·班納揚（密本附件：史特凡·韋茲）
寄件人：陸奇
主旨：（無主旨）

馬克回傳給我的訊息如下：

沒問題，請把我的電子信箱轉交他，我會試看看能否在離開前撥出幾分鐘和他聊聊。我不敢保證一定有時間，但如果我有幾分鐘的空檔，那我會和他見個面。

祖克柏的電子信箱是*****

祝好，

陸奇

我知道自己想最先打給誰。

「我的媽媽咪呀！」艾略特說。

艾略特說話時興奮到聽起來像是一支小喇叭，吹奏著我從沒聽過，極度勝利的一首歌。他建議我寫好一封信，裡頭把事情安排妥當，這樣祖克柏就不需要來回討論，只需要回覆「聽起來很不錯」就好。他幫我擬好這封信後，我就把信寄出。

收件人：馬克・祖克柏（密本附件：陸奇）

寄件人：艾力克斯・班納揚

主旨：週六見

嗨！馬克

陸奇把你的回覆和電子信箱地址轉達給我，過去這幾年，陸奇就像是我的守護天使一樣，真的很感謝有他。他跟我說了很多關於你的好事。

你在創業學校演講後，我可以去後臺一趟，待個兩分鐘，如果你最後沒時間說話，我也完全可以理解。這樣聽起來如何？

不論結果如何，都非常感謝你，也謝謝你成為如此激勵人心的人物。

我在儲物櫃裡來回踱步，每隔一小時就重新整理電子信箱頁面。但沒收到任何回覆。到了活動前兩天，我又寫信給陸奇，問他再寄一封確認信是否妥當。陸奇：「你在說什麼，馬克一收到信就立刻回你了！」

這不可能啊！等等……難道……

我檢查了垃圾信件匣：

威而鋼

威而鋼

威而鋼

馬克・祖克柏

威而鋼

威而鋼

威而鋼

連 Gmail 都不相信馬克會寫信給我。

收件人：艾力克斯・班納揚（密本附件：陸奇）

寄件人：馬克・祖克柏

主旨：回覆：週六見

很高興能和你見面。陸奇是很棒的人，很高興你們可以認識。

我會試著在週六創業學校的演講後挪出幾分鐘，讓我們可以聊聊。我時間不多，但很期待到時簡短的會面時間。

我把祖克柏和陸奇的信件轉發給創業學校的活動策劃人，讓她了解來龍去脈，並詢問她我該怎麼到後臺。接著，我又打給艾略特，跟他報告這個好消息。

「別再寄信給祖克柏了。」艾略特說。

「但難道我不該再跟他確認一下嗎？」

「不用。絕對別做過頭，他已經說答應了，現階段你只需要乖乖出現就可以了。」

雖然我骨子裡覺得不太對勁，但以往我忽略艾略特的建議太多次了，最後都證明他是對的。所以，這次我可不想再犯同樣的錯了。

「好啦！大人物先生，恭喜你啦！」艾略特說，「你就要見到祖克柏了，歡迎來到大人物的世界！」

一天後，帕羅奧圖，加州

餐廳擠滿了人，我們桌上放滿了皮塔餅、鷹嘴豆泥、土耳其烤雞肉串。這是創業學校活動前一晚，我和布蘭登跟柯溫一起吃晚餐，明天他們倆也會和我同行。服務生把帳單送來桌邊時，我正忙著收信，是活動策劃人寄來的信：

嗨！艾力克斯，

我無法准予你明天進入後臺，任何相關的要求都得從馬克的團隊發出才行。

我回信解釋自己並不認識馬克團隊裡的任何人，而是經由陸奇介紹才和他接上線的。然而策劃人沒有回音。隨著時間過去，我越來越緊張。我又寄出一封信，卻沒有任何回音。

當天深夜，我寫信給峰會認識的一個朋友，他認識策劃這場活動的團隊。我告訴他目前的狀況，問他該怎麼辦。隔天早上，他傳了訊息給我：「你確定手上祖克柏的電子信箱地址是真的嗎？活動負責人寫信給我說你寄了一封假造祖克柏信箱地址的信，想靠它混到後臺去……」

柯溫和布蘭登擠在我的筆電前，我們三人目前正在柯溫家的廚房。

「再寫信給祖克柏一次，解釋現在發生的狀況。」布蘭登說。

「我覺得這不是個好主意，」我回答，「艾略特要我冷處理。」

「老兄，只是一封信而已。」柯溫說。

我的雙唇緊閉。

「好吧，如果你不寄信給祖克柏，」柯溫繼續說，「那至少寫信給陸奇。」

我搖搖頭：「我知道要是和活動策劃人見到面，讓她看看我手機上的這些信，這件事就可以解決了。不需要再麻煩陸奇。」

我把筆電闔上，往車子走去。一個半小時後，柯溫轉了個彎，將車停進迪安扎學院（De Anza College）的戶外停車場。我們三人從車子裡爬出來，盯著學校的米白色建築，東張西望著。上百名參加者散布四處，大多數人都帶著筆電和 iPad。在主要入口處排隊的人龍沿著建築物蜿蜒，我瞄到建築後方還有另一個出入口，我猜重要貴賓們就是從這裡進入後臺。

我衝到主要報到處，請求和活動策劃人見面。等了幾分鐘後，我被告知她不打算和我見面。無論如何，我都不想錯過見到祖克柏的機會。我發狂似地撥打策劃人的電話。最後她終於接了起來。

「嗨，我是艾力克斯．班納揚，我昨晚有寄信給妳，內容是關於我要和馬克．祖克柏見面，我只是想……」

「我們直接說重點好了，」她說，「我們都知道你捏造了那封信。我們聯絡了馬克的公關團隊，他們說你不在已核准的見面名單上。我們也聯絡了臉書的安全團隊，他們說沒有你的紀錄。最重要的是，你知我知那根本不是馬克真正的信箱。我要是你的話，就會在惹上大麻煩前停止這些舉動。再見。」

我不知道該怎麼辦，也怕自己過度堅持，在週六中午打擾陸奇。但我需要幫忙。我心想，應該可以打給陸奇在微軟的同事史特凡。史特凡立刻接起電話，說他會協助處理這事。一分鐘後，我收到寫給策劃人的密件副本。史特凡向她再三保證那封信絕對百分之百是真的，如果她還有疑慮，可以直接打給他。

兩個小時過去了。活動策劃人還是沒有回覆史特凡的信。我把她的手機號碼以簡訊發給了史特凡。史特凡打去，但她沒接。我已經用盡了所有的辦法，離祖克柏演講的時間還有一小時，但我手上已經沒有任何可用的計畫。我又寄了一封信。

收件人：馬克・祖克柏（密本附件：陸奇）
寄件人：艾力克斯・班納揚
主旨：回覆：週六見
剛抵達創業學校，但工作人員不太想讓我進後臺。我應該再去試個幾分鐘，或有可以讓我們見面比較容易的地方嗎？

過了一會，我再看一下時間，只剩三十分鐘。祖克柏還沒給我任何回覆，於是我決定靠自己解決。

合理的推測，是祖克柏應該會從建物另一頭的貴賓出入口進出，我或許可以趁他剛走出車子時跟他解釋我就是陸奇介紹給他的那個人，這樣一來，祖克柏應該就可以告訴策劃人我是誰。我也只想得出這個計畫了，於是，我和布蘭登、柯溫一起向通往演講者入口的車道前進。我們在附近找到一棵有樹蔭又長得很高的樹，就坐在樹下等待。過沒多久，我們還在一邊聊天一邊撥弄地上的樹枝時，我發現建築物的角落裡探出一個男人的頭，很快地又消失。一分鐘後，同一個人又出現了，這次還對著手上的對講機小小聲講話，然後又再度消失。

然後，一個女人的身影和塊頭更大的另一個男人以迅雷不及掩耳之姿朝我靠近。他們停在離我幾碼處，一副不想再更靠近的樣子。拿著對講機的男人很明顯是警衛，他往前跨了一步，惡狠狠地往下瞪著我。

「我想請問你在這裡幹嘛？」那個女人開口說話，我認得這個聲音。

「嗨，我是艾力克斯，」我說，一邊伸出手，微微揮了一下，「我就是那個……」

「我知道你是誰，」活動策劃人說，「你坐在樹下幹什麼？」

「喔……我們坐在這是因為……我們的車就停在附近啊，想說來吸收一些新鮮的空氣。」

我的車的確停在附近，但她知我也知，我坐在樹下的真正理由。我真希望自己有那個勇氣說：「聽著，我知道妳覺得我是騙子，我也知道妳不過是在盡自己的本分，但我得完成我的任務。微軟的部門主管介紹我給臉書創辦人認識，我絕對不想失約。如果妳不相信這封信是真的，那是妳家的事，等馬克的車停在這裡時，妳儘管去問他好了。」但我連一個字都說不出來，只是瞅著她看。

她的眼神冷酷無情，「我知道你想幹嘛，」她說，「請你現在立刻離開這裡。」

警衛往前跨了充滿威脅意味的一步。

「如果你不馬上離開，」他說，「我們就要報警了。」

我想像祖克柏的車停下，他步出車外，看到我的手被拉到背後上銬，警車的紅藍警示燈閃爍著，我被拖走時還一邊高聲大叫：「馬克！拜託！告訴他們我們有約啊！」

我把頭低下，跟警衛說我們不想惹麻煩，就這樣離開了。

我無法原諒自己。難得這一次我不用跨越垃圾桶或是猛敲大門一百次，就能走第三道門。我寫了封信給陸奇，祖克柏就說：「請進！」但當然啦，夜店的保鏢一看到我，就拽著我的手臂說：「你還早的咧，小混混。」

想到或許讓陸奇失望了，就更令我難受。我寄了封信給陸奇，解釋事情的來龍去脈，他幾分鐘內就回信給我了。

> 史特凡有跟我提了，我很遺憾這事沒成。史特凡一聯絡我，我就立刻臉書私訊了馬克，但他沒有回應。現在想想，如果當時你就打給我，我可以直接聯絡活動主辦人，你就能進去了。
>
> 如果你願意等，我建議你明年創意學校時再試一次。因為馬克已經答應你了，就把它想成延期就好了。這樣的話，我可以事先通知活動主辦人，讓他請員工放你進去。如果你不想等這麼久，我可以試著再傳訊息給他，但我不確定他會不會回，畢竟他沒回上一封私訊。

我向陸奇道謝，問他是否願意再替我傳個訊息過去。我是這麼想的，再等到明年新鮮感就過了，如果要做這件事，就得現在做。陸奇又傳了第二封私訊。三天後，陸奇回了信給我。

禮拜四我用臉書私訊給馬克，但到目前為止，他都還沒回我。根據過去的經驗，很遺憾地，這表示馬克目前沒這個興趣，要不然他就會回覆我「艾力克斯，我很遺憾不能再多幫你一些。希望你還能找到其他和他見面的方法。」這類的文字。

接下來幾週，我急切地試著想挽回這一切。我在峰會認識的一個早期臉書員工聯繫了祖克柏的安全團隊；蓋茲辦公室聯絡了祖克柏的助理，經由艾略特認識的女神卡卡社群網路架設人麥特（Matt Michelsen），則是介紹我認識祖克柏其中一位律師。不只這樣，麥特還帶我去臉書總部和公司的行銷長見面，但即便如此，我還是得不到來自祖克柏的隻字片語。

一個月過去了，這次失敗最讓我心裡過不去的，是它似乎沒有一個妥善的結束，沒有驗屍報告。一部分的我覺得自己一開始的策略就錯了。這其實根本稱不上「真正」和祖克柏會面，他在信裡的意思，基本上是暗示他只會和我握握手，聊個幾分鐘，如此而已。這樣當然很棒，但我應該要請陸奇介紹我給祖克柏的幕僚長，這樣我才能和對方一起坐下談話，解釋我到底在做些什麼，讓他幫我安排一場完整的訪問。

但另一部分的我也知道，這都不重要了。即便那只是個一分鐘的會面時間，好歹陸奇都完美地把球傳來達陣區前了，我只要在完全沒有防守者的一碼線處接住球，然後跑個兩步就能進入底線得分區達陣，但我卻還是掉球了。

昆西．瓊斯：人生應該是執著於嘗試、執著於成長

我讓自己不好過了好幾週，想到坐在樹下、見不到祖克柏；寄給巴菲特助理的那隻鞋、失去訪問巴菲特的機會；以及想盡辦法終於見到了比爾．蓋茲，卻沒有問到對的問題等等。有一些時候，我覺得這趟旅程好像一連串漫長、可悲的錯誤。但當我和昆西．瓊斯（Quincy Jones）在一起時，我就停下不再去想這些痛苦了。

「我的小老弟，你從哪來的？」

瓊斯今年已八十一歲，他低沉的嗓音聽在我耳朵裡，像是上低音薩克斯風吹奏出來的音符。昆西穿著一件長度及踝的寶藍色長袍。他在貝萊爾的家有個圓形的客廳，他坐在沙發上，我在他身旁坐下。

「在洛杉磯出生和長大。」我這麼回答。

「不對不對，」他搖著頭，「我的意思是你從哪裡來？」

「喔！我爸媽是伊朗來的。」

「我想也是。」

「你怎麼知道？」

昆西沒有直接回答我，而是開始講起他十八歲到伊朗旅遊的狂野故事：參加伊朗國王主辦的派對、晚上溜出飯店和試著幫阿亞圖拉祭司（Ayatollah）越獄的革命份子碰頭。接著，又告訴我和波斯公主約會的故事。

「感激不盡（Khailee mamnoon），」昆西說，一邊笑一邊吐出波斯語詞彙，「那時候我去了德黑蘭、大馬士革、貝魯特、伊拉克、喀拉蚩，什麼地方都跑。我已經在世界各地旅行了六十五年。」

我在訪問前就做好功課，但直至現在才知道自己對他的認識有多粗淺。我知道他是史上獲得最多葛萊美獎提名的音樂製作人，也知道他製作出歷年來最暢銷的專輯，麥可．傑克森的《顫慄》（*Thriller*）以及傑克森史上最暢銷單曲〈四海一家〉（*We Are the World*）。他也和二十世紀最偉大的表演者們合作過，諸如法蘭克．辛納屈（Frank Sinatra）、保羅．麥卡尼（Paul McCartney）和雷．查爾斯（Ray Charles）等等。在電影領域，他和史匹柏聯手出品提名了十項奧斯卡獎項的《紫色姐妹花》（*The Color Purple*）。在電視劇圈，他製作了《新鮮王子妙事多》（*The Fresh Prince of Bel-Air*），該劇也獲得艾美獎提名。身為演藝圈前輩，他也幫助威爾．史密斯（Will Smith）和歐普拉發展事業。毫無疑問，昆西．瓊斯是娛樂界歷史中最重要的人物。而他現在開口問我：

「你有筆嗎？」

我從口袋中拿出一支筆，他從咖啡桌下抓出一疊紙張，開始寫起歪來拐去的字，教我阿拉伯文要怎麼寫。接著，他又教我寫中文、日文。我在學校念書時向來痛恨語文課，然而昆西卻是用一種它們彷彿是通往宇宙的鑰匙的方式對待語言。

「你看這邊。」他說，往上指著圓拱型的客廳天花板，而從正中央散出的十二根巨大木頭橫梁，就像是太陽光一樣。

「這是風水，」他說，「這十二根橫梁象徵音階裡的十二個音符，也代表十二使徒、十二星座……」

他指著房間四處，房裡有十來種古物圍繞著我們，一個男孩騎在馬上的中國雕塑、埃及女王的半身塑像，每一樣古物似乎都有著自己的能量。

「那邊是埃及皇后娜芙蒂蒂（Nefertiti），」昆西說，「然後那裡有佛像，唐朝古物在另一邊，日本古物在那邊。然後還有畢卡索，遠一點的地方是美國太空探索科技公司（SpaceX）的火箭原型，是馬斯克送我的，他就住隔壁而已。」

我被搞得暈頭轉向，昆西微笑，一副他好像認識連我都不認識的某個自己。

「外面的世界很大，」他說，「你得踏出去見見市面。」

我們對話的內容越來越快速地切換。一下子，他聊到冥想，接下來又開始談起奈米科技；前一分鐘還在談法蘭克・蓋瑞（Frank Gehry）的建築，對了，他也是雙魚座；他一直告訴我「如果建築是被凍結的音樂，那麼音樂就可以說是流動的建築」，所有偉大的藝術都是充滿情感的「建築物」，下一分鐘又開始聊起當導演「史匹柏跑來我的工作室，說他導戲的方式和我一模一樣。他會先勾勒出很穩固的結構，然後才在這個基礎上自由發揮。你得讓人有機會注入他們的性格。」我靠坐在沙發上好好吸收每一顆不停落下地智慧寶石。

「我都告訴那些我帶過的音樂人要做自己。認識自己、愛自己。我只在乎這件事……認識自己、愛自己。

「年輕人總是在追逐些什麼，因為他們覺得自己對每件事情都有掌控權。他們得學著和這個宇宙連線，讓事情自動為你成就。

「所有童年創傷帶來的種種限制條款已經失效了，解決好你那些破事，繼續好好過你的人生。」

昆西伸手到咖啡桌下拿出一本書。他來回翻閱有著黑白照片的書頁，「一九三〇的芝加哥，」他說，「我小時候就在這裡長大。我爸為世界壞的黑人幫派份子做木工，這些人不是開玩笑的，老弟。小時候我每天都會看見槍啦，死人啦。那時候我也想當黑道。」

他把袖子捲起，指著手背上的一個傷疤。「你有看到嗎？七歲時弄傷的。我出現在錯誤的地方，有幾個傢伙拿著刀子，把我的手釘在籬笆上，然後又用一支冰鑿插進我的後腦勺。那時我以為自己會死掉。」

他父親有時會在熱天裡帶他回到路易斯維爾（Louisville），探望年輕時曾當過黑奴的奶奶。她總要昆西去河邊抓活老鼠，然後把老鼠和洋蔥一起，用油在煤炭爐灶上炸了當晚餐吃。

昆西十歲時，一家人搬去了西雅圖。某個晚上，他和朋友偷偷摸摸闖進一間育樂中心偷東西吃，那時他無意間走進一間擺了鋼琴的房間。這是他人生第一次看見鋼琴。他說，他還記得那神聖的一刻，當手指觸碰到琴鍵時，「一切都不一樣了。我太愛音樂了，所以我不停寫歌，寫到眼睛都快流血了」。

只要是碰得到的樂器，昆西都去學，小提琴、豎笛、小喇叭、低音大喇叭、細管上低音號、中音號、法國號、長號。他開始會偷偷溜進夜店，去結識那些在各城鎮巡迴的樂手。十四歲時，昆西摸進一間俱樂部，在那認識了一個比他大兩歲的盲眼青少年。兩人一拍即合，對方也開始一步步教導昆西，最後，他們成了很好的朋友。原來那個看不見的少年就是雷．查爾斯（Ray Charles）。

「我認識麥卡尼時，他二十二歲；認識艾爾頓．強（Elton John）、米克．傑格（Mick Jagger）時他們十七歲，這些傢伙喔！萊絲莉．戈爾（Lesley Gore）十六歲時我發掘了她。」

昆西製作出萊絲莉〈這是我的派對〉（*It's My Party*），成為一九六三年最暢銷、火紅的歌。

「你怎麼發掘她的？」我問。

「她黑手黨的叔叔介紹我們認識。她叔叔先去找經紀人喬．葛拉瑟（Joe Glaser），喬其實和黑手黨大老艾爾．卡彭（Al Capone）有合作關係。在我那個年代，音樂圈裡的一切都和黑手黨脫不了關係。艾靈頓公爵（Duke Ellington）、路易斯．阿姆斯壯（Louis Armstrong）、萊諾．漢普頓（Lionel Hampton）的經紀公司，全都由黑手黨把持。那時真他媽的混亂，老天。你不會相信當時的黑人被剝削地有多厲害。我就是那時才學到，如果你沒有師父、沒遇到痛苦的事、沒有版權在手，那你根本就不算是在音樂產業裡。我是從一次慘痛的教訓中才學到這課的。」

昆西為當時知名的歌手貝西伯爵（Count Basie）寫了十首自創歌曲。一個名叫李維（Morris Levy）的執行製作人打電話給昆西，要他到辦公室簽定發行合約。合約就擺在桌上，李維的親信們站在他後頭。他跟昆西說：「你想要什麼儘管開口，不過我們只會給你百分之一的抽成。」

「我簽了合約，」昆西告訴我，「我人都還在他的辦公室，但所有的東西都是歸他了。」

昆西輕聲笑著，像是想起什麼美好的回憶，不知為何，我覺得自己僵硬了起來。

「我那時還年輕，學到了教訓，」昆西說，「下一次我再製作貝西伯爵的專輯時，他問我：『我們這次要怎麼發行？』我就告訴他：『什麼人都不找，這次我自己做。』他說，

『小子，你總算變聰明了嘛！你之前怎麼沒這麼想過呢？』」

昆西又呵呵笑了一會兒。

「黑手黨拿走我所有的東西，」他補了一句，「但我現在討回來了。」

「這真是太幹了。」我說。這股怒氣讓我們兩人都有些驚訝，當然現在回頭去看，我知道自己的怒氣其來有自。其實我還是對於祖克柏那件事耿耿於懷，所以儘管兩件事之間只有很小的連結，然而這類被有權有勢的人擺了一道的事，都還是讓我非常不快。

「沒事沒事，老弟，」昆西說把手放在我的肩膀上說，「就是這樣才學得到功課。」

我和昆西四目相接，心裡的按鈕突然被按下了。我的身體本來像是充氣過了頭的輪胎，昆西打開了輪胎的氣嘴，所有壓力迫不及待傾瀉而出。

「你要珍惜自己犯過的那些錯，」他說，「不管被打倒幾次，你都必須再站起來。有些人面對挫敗就退縮了，他們變得小心翼翼、怕東怕西，只看自己的恐懼而不是熱情，這樣不對。我知道這很複雜，但其實說來也很簡單：放手讓上帝出手。」

「害怕得到丁下你就不可能得到甲上，」昆西說，「成長的心理機制就是這麼神奇，不論你在哪個領域道理都一樣。成長來自於犯錯，所以你要珍惜錯誤，這樣你才能從錯誤中學習。這些錯誤就是最了不得的禮物。」

我的聖杯不是蓋茲，而是這一連串錯誤

這晚接下來好的幾小時，我們天南地北地聊著，從埃及金字塔一路聊到里約熱內盧嘉年華會上的森巴舞者。昆西讓我理解到，過去五年中我都在不停地向上看，往上看那些世界上最富有的人、往上看那些最成功的投資者、往上看那些最知名的導演。現在，我才知道自己很想變得更寬廣——四處旅遊、探索，從天涯海角吸收四方魔力。昆西從我心裡挖掘出一股全新的飢渴，就好像我人生的某一階段已然關上，而新的階段正要展開。

我們對話的張力漸漸鬆弛了下來，我說：「我覺得自己好像變了一個人，你知道嗎，你教了我預期之外的一課。」

「是什麼？」他問我。

「你教我要做一個全方位的人，一個『世界人』。」

「這太棒了，老弟，你說得沒錯。納京高（Nat King Cole）曾告訴過我：『昆西，你的音樂中所透露出來的人性，不可能比你本身再更增或更減一分了。』」

「這就是這世界教你的。」我說。

「不，」昆西糾正我，「這是人生中的錯誤帶給你的。」他不斷重複，彷彿是想讓這門課深刻入骨。現在，它終於達到這個境界了。在思緒清明的這一刻我才終於明白，**蓋茲給我的建議才不是聖杯，在為了訪問到他的過程中所犯下的各種錯誤，才是真正改變我最**

多的。

我一直覺得成功和失敗是兩種相對的概念，然而現在，我知道它們其實是同一件事的不同結果。我對自己發誓，從現在開始，我不再執著於成功，或失敗了；從現在開始，我要執著於嘗試、執著於成長。

昆西好像看得到我腦袋中的齒輪在轉動似的，他慢慢地把手放到我的肩膀上說：「你懂了，老弟，你終於懂了。」在我能想到該回他什麼話之前，他又看著我說：「你是一個美麗、很美麗的人。操他媽的永遠都別改變這點！」

女神卡卡：不再被限制，完全活出自己

三個月後，奧斯丁，德州

我們往夜店走去，走近一排混亂得像是一堆人在聚眾滋事的隊伍。麥特，女神卡卡社群網路的創辦人拉著我靠向他，領我穿過人群。玻璃啤酒瓶的碎片散落一地，閃現出月光。一群保鏢守著夜店入口。

其中一人向前跨了一步說：「派對已經滿場了。」

「我們是跟卡卡一起的。」麥特回答。

「她已經進去了，現在沒有人可以進去。」

短暫的沉默後，麥特也跨步向前，朝著保鏢的耳朵說了些什麼。他遲疑了一會兒，接著就讓出一條路給我們。

門一開，電子音樂的砰砰聲就讓我整個身體也跟著顫動。麥特和我擠過舞池中的人群。上百個人痴痴地往同個方向望去，同時還把手機高舉在空中拍照。舞臺上的白光照在架高突出的貴賓平臺上，世界上最知名的流行巨星就在那兒。女神卡卡淡金色的頭髮垂逸過腰，她踩著一雙至少有十吋的高跟鞋，努力地維持平衡。

貴賓平臺上也是人山人海，一個在樓梯口看管的保鏢告訴我們此路不通。這次，麥特也懶得再跟保鏢說什麼，我們移往平臺前方，停在卡卡所站之處的正下方。

「嘿！LG！」麥特大喊。

她往下看，臉上一亮，「上來啊！」

「人太多了，」麥特回應，「他們不讓我……」

「給我他媽的滾上來！」

幾秒鐘後，兩個保鏢拽著我們的手臂，領我們走上平臺。麥特直接走去找卡卡，我則是待在後頭，給他們倆一些空間。

幾分鐘後，麥特朝我這個方向指過來，一個保鏢來抓著我的肩膀，拉著我穿越人群，「放」我在麥特和女神卡卡旁邊。麥特兩手各勾著我和卡卡，把我們兩人朝對方拉近。

「嘿！LG！」他大聲喊著試圖壓過音樂，「還記得我跟妳提過關於『第三道門』的事嗎？」

她微笑點頭。

「那還記得我跟妳說過某個小傢伙破解了《價格猜猜猜》嗎？他還跟朋友們一起跑去巴菲特的股東會？」

她笑得更開了，點頭如搗蒜。

麥特指著我說：「好啦，他現在就站在這！」

卡卡的眼睛圓睜，轉向我，張開她的手臂，給了我一個熊抱。

女神卡卡就是不按牌理出牌

自從艾略特在紐約的演唱會上介紹我跟麥特認識以來，他就成了我的新導師。有時我會去他那，一次就待上好幾週，和他一起跑去紐約、舊金山，當我採訪祖克柏遇上困難時，他也立刻試著幫我。至於跟女神卡卡見面採訪這件事，我甚至連開口都不用，麥特就自己提起，並且主動提議要幫我搞定這事。他就是這樣子的人。

和女神卡卡在夜店見面後的隔天中午，我坐在麥特飯店套房裡的沙發上，麥特邊講電話邊走了進來。他在房間裡來回踱步，等他掛上電話，我問他在跟誰說話，他說是卡卡：「她正在哭。」

麥特坐下來解釋整個狀況給我聽。女神卡卡的頭兩張專輯大賣，也因此讓她一飛沖天，成了音樂圈裡的佼佼者。然後隔年，她的髖關節斷了，雖然經過緊急手術，但她也只能暫時坐在輪椅上，因此不得不取消二十五場巡迴演出。接著，和她合作多年的經紀人，又和她在未來發展路線的看法上起了爭執，最後卡卡開除了他，這事也鬧上新聞頭條。卡卡的經紀人，也就是之前拒絕我採訪邀請的那個人，向媒體披露了他單方面的說法，而卡卡則是維持沉默，但反而引來更多質疑。這件事發生的幾週後，女神卡卡推出了第三張專輯《流行藝術》（*Artpop*），然而卻被媒體生吞活剝。《滾石雜誌》說它「詭異」，《浮華世界雜誌》則說裡頭的幾首歌「拿來當搖籃曲還差不多」。女神卡卡的前一張專輯在發行第一週就賣出超過一百萬張，然而《流行藝術》的銷售量卻連四分之一都不如。

這是四個月前的事了，而現在，女神卡卡決定要重回鎂光燈下。接下來的兩天，她要先在中午錄《吉米夜現場》（*Jimmy Kimmel Live*）的一段節目，然後晚上有場演唱會，隔天早上則是要到「西南偏南電影節」（South by Southwest Music）發表演說。

這場演說是最讓她擔心的。因為這不像是在粉絲面前短講，而是在滿滿一屋子音樂製作人、娛樂線記者面前，進行長達一小時的演說、訪問，而這些人當中，又有很多人和她的前經紀人相當要好。女神卡卡很擔心這些人正坐等她大出醜。她會被問什麼問題，自然也不難猜：你是否覺得《流行藝術》是個失敗？開除妳的前經紀人是個錯誤嗎？唱片銷售量下滑了，妳認為這是否是因為妳瘋狂的穿搭所致？

這也是卡卡打給麥特，要他幫忙的原因。她覺得自己被誤解了。她知道自己忠於自我，製作出《流行藝術》，但她想不出如何，為這張專輯解釋出個所以然來。接下來這幾天是卡卡開啟演藝生涯新頁的機會，她不想讓過去這些包袱拖累自己。

麥特解釋完這一切給我聽後，便叫來了他的下屬。不到一個小時，對方就到了飯店，在我旁邊坐下，和麥特一起腦力激盪，試著想出女神卡卡可以運用的說法。麥特的員工大概二十多快三十歲，我知道他在大學主修商業，所以滿嘴都是聽起來很厲害的術語：「《流行藝術》就是異業合作」、「協同增效」、「相互連結」！

我好想大喊「這不是用來形容藝術家靈魂的詞彙」，但一想到麥特對我如此大方，總覺得這不是我可以插話的場子。麥特已經安排好我在當週末採訪女神卡卡，還不只這樣，他讓我使用飯店套房裡的客房。所以我什麼話都沒說。

儘管如此，各種點子在我腦中打轉。我讀過女神卡卡的傳記，埋首於成堆和她相關的報導中好一陣子，還花了無止無境地時間研究《流行藝術》裡的每句歌詞。聽著麥特和他員工討論，我有種自己好像坐在板凳上，兩腿抖動著，迫不及待想參與比賽的棒球員。

兩人集思廣益了一個小時後，麥特一臉挫折地看向我：「你有什麼想法嗎？」

「這個嘛，」我開口，試著控制住自己，然而我幾乎無法控制自己，這趟任務過程中所學到的一切，加上我對女神卡卡的認識像爆炸般從我嘴裡全盤托出，「藝術是充滿情感性的建築物，如果我們從這樣的角度去看女神卡卡，她的基金會、木屑裝，這一切都要回溯到她的童年。她小時候是唸天主教會學校，但她在那裡卻只覺得窒息。修女會細細地量測她裙子的長度，又要她遵守一堆規矩。所以現在卡卡穿著生肉衣，她到現在都還在反叛修女！」

「卡卡就代表了創意反叛！」麥特說。

「沒錯，TED 大會的創辦人曾跟我說過：『天才就是不按牌理出牌』，這太適合用在這裡了。不論是卡卡的音樂或服裝，她總是不按牌理出牌。」我從沙發上跳起來，感覺自己前所未有的生氣蓬勃。

「卡卡的偶像是普普藝術教父安迪．沃荷（Andy Warhol），」我繼續說，「他運用康寶濃湯罐當成藝術主體，這也是不按牌理出牌！那些評論說《流行藝術》太走偏鋒，不像她上張專輯一樣可以獲得多數人共鳴，但假如這就是她的用意呢？這張專輯就是得這麼呈現！她所有的藝術都是不按牌理出牌，所以當她已經進入排行榜前四十名時，反其道而行其實再自然不過了。《流行藝術》並不代表女神卡卡已經沒有靈感，而是女神卡卡完全活出了自己！」

我不停地說著，最後癱倒在沙發上喘氣。我抬眼看了麥特。

「恭喜你，」他說，「接下來你有二十四小時的時間把這些都化作文字。」時間剛過午夜，麥特出門參加活動去了，而我孤零零地待在飯店套房裡，眼巴巴地盯著筆電螢幕。不久前如滾滾江水般吐出的字句現在已然枯竭。到了明天早上，我得交出一頁列出講題大點的文件給麥特，喔對了，還要做好投影片檔，他才能拿給女神卡卡。

當我坐在沙發上看麥特和他下屬討論時，曾想像著要是我會怎麼做。而現在，我如願以償上場打擊了，卻感覺自己不論再努力想跳起來，雙腳都像是被黏在球場上一樣。

空白的幾分鐘變成了幾小時。我爬上床，希望到明天早上就會有靈感。只不過，我蓋著棉被躺在床上，怎樣也睡不著。我的大腦不斷攪動，不知為何，我想到一部好幾年前在

YouTube上看過的賈伯斯影片。影片中，他介紹了「不同凡想」（Think Different）的行銷口號，談到界定自己的價值有多麼重要。那是我看過最出色的演說。我拉開棉被，伸手去拿筆電，一次又一次，不斷地重看這支影片，真是讓我五體投地。我腦子裡只有一個想法：我得讓女神卡卡也看看這支影片。這支影片有種我無法抓住的魔力。

但隔天我並不會一起去見她，就算有，我也不可能逼她看。於是，我寫了信給麥特：

「就是這個……請你相信我！請從頭到尾看完這支七分鐘的影片。」

過了沒多久，麥特走進飯店房間。

「你看影片了嗎？」我問。

「還沒，我現在看。」

終於，我覺得每件事都上了軌道。麥特隱入他的房間，門沒關上，所以我聽得到他正在看這支影片。接著，麥特嘴裡啣著一支牙刷，手裡抓著電話，影片雖然還在播放，但他幾乎沒有認真看，甚至連影片播完了都沒注意到。麥特什麼話都沒說就又回到他房間。

我粗魯地把被子拉起來。現在不只計畫不奏效，而且已經來到球賽第四節，但我卻已經無計可施。

天還未亮我就起床。我走到大廳，打算繼續完成講題文件。儘管很努力地嘗試，但我寫出來的文字卻沒有我原本預期要有的衝擊力。然後，麥特打了電話過來。

「過來我房間，」他說，「我和卡卡開會的時間提早了，現在只剩下兩小時了。」

我趕到房間，打開門，看到麥特站在小廚房的迷你吧檯旁邊，前面放著他的筆電，耳機插在筆電上，他眼睛眨也不眨地用全螢幕模式看那支賈伯斯的影片。影片播完了，麥特慢慢地把頭轉過來。

「我有個想法。」他說。

我沒說話。

「我打算請卡卡好好坐下來……然後讓她看這支影片。」

「好耶！」我大喊。

這振奮人心的一刻讓我充滿幹勁，我咻地打開筆電，開始重寫整份講題大點。一分鐘之內，我就完成這份題綱，裡頭完美地寫進前一天我提過的所有內容。麥特對卡卡的認識和我不在一個層次，所以他微調、修改了一些文字，讓整份講題大點有了新的高度。現在，我們只需要再搞定投影片就好了。

麥特得在一小時內趕到卡卡家，所以由我留在飯店裡完成這項任務。處在如此的壓力下有種快感，就像比賽計時器正倒數著：10……9……8……麥特打電話來說他正要走進卡卡家，比賽結束的鐘聲響起，我按下「寄出」鍵。

一小時後，我的手機震動了，是麥特的簡訊。

全壘打！每個人都哭了！

幫女神卡卡安上了一對翅膀，自由翱翔

接下來兩天真是暈頭轉向。當晚，我到史努比狗狗（Snoop Dogg）的演唱會和麥特跟女神卡卡會合。我去吧檯抓了一瓶紅牛，瞥到他們坐在貴賓區的一張沙發上。麥特示意要我坐在卡卡旁邊。我砰地坐下，她一隻手勾著我，然後伸出另一隻手去拿我的紅牛，喝了一大口後才還給我。

「艾力克斯，」她說，「有時候……你心裡的某些東西深沉到，連你自己都不知道該怎麼表達出來。但人生中第一次，你替我用文字表達出來了。」

「對了，安迪．沃荷那一段，」她笑著說，手一邊在空中揮舞，「真是太妙不可言了。」

我和卡卡聊完後，饒舌歌手肯德里克．拉馬（Kendrick Lamar）過來我們這桌，在我旁邊坐下。史努比狗狗還在臺上表演，正好唱到我最喜歡的那首饒舌歌。我站起來跳舞，感到前所未有的自由。

隔天晚上，我和麥特一起去聽卡卡的演唱會，我上推特瀏覽一番，看到卡卡把她的帳號名稱改成了「創意反叛」，還發了一則推文：

《流行藝術》就是創意反叛。我才不會照著修女的規矩走！我有我的規則。

#MonsterStyle #ARTPOP

感覺才過了一秒鐘，卡卡就登臺跳起了舞，成千上百的歌迷發出震耳欲聾的歡呼聲。她唱歌時，有個站在她旁邊的女人拿著裝滿綠色液體的瓶子，刮擦搖晃著。卡卡在舞臺聚光燈照射下靜靜站著，而這個女人將手指伸進喉嚨摳挖，朝著這個流行巨星嘔吐。卡卡說這叫做「嘔吐藝術」。

看著綠色液體從這個女人的嘴巴裡噴射出來，噴濺到卡卡的身體上，讓我打了個冷顫，麥特笑著跟我說：「就說她不按牌理出牌咧，嗯？」

當晚稍後，卡卡在《吉米夜現場》的訪問播出，吉米一開場就直搗黃龍，詢問卡卡的服裝，然後又朝《流行藝術》進攻。但卡卡沒有喪失節奏，以她的「不按牌理出牌」還擊，現場觀眾報以熱烈掌聲和歡呼。

不過是一眨眼的時間，隔天早上，我坐在演說現場前排，旁邊分別坐了麥特和卡卡的父親。現場的燈光暗下，卡卡穿著一件由塑膠防水布製成的巨大裙裝踏上舞臺。第一個問題就是關於「嘔吐藝術」。

卡卡先解釋一開始為何會有這個點子，接著又說：「你們都知道，安迪．沃荷覺得他可以把濃湯罐頭變成一種藝術。有些事就是這麼奇怪，感覺起來也很不對勁，但卻可以改變世界……你要讓自己不再被來自音樂產業、既有現狀的期待侷限。我念書時一直都不喜歡被量裙子的長度，或被要求該怎麼做這或做那、遵守規矩。」

不知不覺間，掌聲充滿整個會場。演說結束後，大家紛紛站起來為卡卡鼓掌。

麥特直接前往機場，而我則回飯店打包行李。整理時，麥特傳了卡卡簡訊的螢幕截圖給我：

我不知道該說什麼好。但我深深感謝你們為我所做得一切。你真的很支持我，因為有你，我今天好像有了翅膀一樣。希望我讓你和艾力克斯覺得驕傲。

才剛讀完卡卡的訊息，手機裡立刻又跳出另一封簡訊。我在南加大的朋友邀請我參加學校裡的一場派對。和我同時期入學的同學們，現在已是大四的最後一個學期，他們正準備慶祝畢業。對我來說，亦是心有戚戚焉。

我從機艙窗戶往外望，看著雲層在下方漂浮著，我無法停止去想卡卡這件事後來的這一切發展。某方面來說，這其實像是一連串微小決定累加後的結果。幾年前，我選擇寫信給艾略特。然後，我選擇跟他一起去歐洲，我選擇和艾略特一起去紐約的那場演唱會，在

那兒我認識了麥特。接著，我選擇花時間去找麥特，住他家，和他建立起一段個人關係。

隨著思緒慢慢展開，出自於意想不到之處，《哈利波特》的一段話進到腦子裡。在一個很關鍵的時刻，鄧不利多曾這麼說：「我們的選擇，遠比我們的天賦才能，更能顯示出我們的真貌。」

我們的選擇……遠比我們的天賦才能……

我想到和陸奇、舒格．雷的談話，這句話正代表了我從這些訪談中學到的功課。陸奇、舒格．雷都擁有令人驚異的才能，但在我心中，他們的突出之處其實在於他們所做的選擇。陸奇時間，是個選擇；追在校車後面，也是個選擇。

我腦中出現各種畫面，在我眼前像幻燈片般播放。比爾．蓋茲坐在宿舍裡，克服自己的恐懼，拿起電話完成人生第一筆生意，那是選擇。史蒂芬．史匹柏跳下環球影城的導覽巴士，那是選擇。珍．古德為了存錢到非洲身兼好幾份工作，那，也是選擇。

每個人都有能力去做出最終會永遠改變他們人生的小小選擇。你可以選擇屈服於惰性，繼續排在隊伍裡，等著進第一道門；或者，你也可以選擇從人龍中衝出，奔進巷子裡，選擇走第三道門。我們每個人都可以選擇。

若要說我從這段旅程中學到什麼，那就是做這些選擇是可能的。正是這種「凡事皆可能」的心態讓我的生活完全翻轉。因為，當你願意改變思維，相信可能，你就能讓自己相信可能的事成真。

飛機起落架在洛杉磯著地，我背著旅行袋，在航廈中走著，感受到一股前所未有、輕快地平靜感。

我出關準備提領行李。爸爸把車停靠在人行道旁，走出車外，我給了他一個很久的擁抱。我把旅行袋扔進後車廂，坐進副駕駛座。

「所以，訪問進行得怎樣？」他問。

「結果根本沒有訪問到。」我說。

我告訴爸爸這段故事，他露出大大的微笑，我們就這樣一路開回家去。

掃 QR code 可見
我和女神卡卡的合照

國家圖書館出版品預行編目資料

第三道門：比爾蓋茲、女神卡卡、珍古德、提摩西費里斯、賴瑞金等大咖的非典型成公。給拒當乖乖牌、不是富二代的你勇敢逐夢 / 艾力克斯 . 班納揚 (Alex Banayan) 著；蘇凱恩譯 . -- 臺北市：三采文化 , 2019.01
面； 公分 . -- (MindMap)
譯自：The third door : the wild quest to uncover how the world's most successful people launched their careers
ISBN 978-957-658-106-9(平裝)

1. 職場成功法 2. 動機

suncolor
三采文化集團

MindMap 178

第三道門：
比爾蓋茲、女神卡卡、珍古德、提摩西費里斯、賴瑞金等大咖的非典型成功，給拒當乖乖牌、不是富二代的你勇敢逐夢

作者｜艾力克斯 · 班納揚（Alex Banayan） 譯者｜蘇凱恩
責任編輯｜朱紫綾 美術主編｜藍秀婷 封面設計｜高郁雯
校對｜張秀雲 內頁排版｜黃雅芬

發行人｜張輝明 總編輯｜曾雅青 發行所｜三采文化股份有限公司
地址｜台北市內湖區瑞光路 513 巷 33 號 8 樓
傳訊｜ TEL:8797-1234 FAX:8797-1688 網址｜ www.suncolor.com.tw
郵政劃撥｜帳號：14319060 戶名：三采文化股份有限公司
本版發行｜ 2019 年 01 月 04 日 定價｜ NT$320

suncolor

suncolor

suncolor